计算机系列教材

周元哲 刘伟 邓万宇 编著

程序基本算法教程

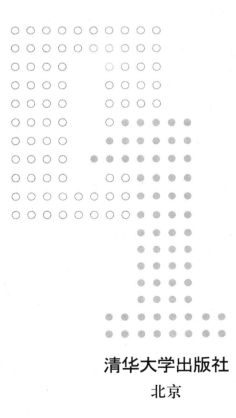

清华大学出版社

北京

内 容 简 介

本书内容全面,特色突出,注重基本算法和基本技能,培养和提高程序设计应用开发能力,利于学生领悟编程的真谛。全书内容主要包括程序与算法、程序设计语言、数据结构、查找与排序、穷举法、递归法、分治法、动态规划法、贪心法、回溯法以及附录。

本书适合作为高等院校计算机相关专业的教材或教学参考书,也可供从事计算机应用开发的各类技术人员应用参考,或用作全国计算机等级考试、软件技术资格与水平考试的培训资料。

本书封面贴有清华大学出版社防伪标签,无标签者不得销售。

版权所有,侵权必究。侵权举报电话:010-62782989　13701121933

图书在版编目(CIP)数据

程序基本算法教程/周元哲,刘伟,邓万宇编著. --北京:清华大学出版社,2016
计算机系列教材
ISBN 978-7-302-43568-6

Ⅰ.①程…　Ⅱ.①周…　②刘…　③邓…　Ⅲ.①程序设计一高等学校一教材 ②算法设计一高等学校一教材　Ⅳ.①TP311.1②TP301.6

中国版本图书馆 CIP 数据核字(2016)第 081914 号

责任编辑:张　民　李　晔
封面设计:傅瑞学
责任校对:李建庄
责任印制:何　芊

出版发行:清华大学出版社
　　　　网　　　址:http://www.tup.com.cn,http://www.wqbook.com
　　　　地　　　址:北京清华大学学研大厦 A 座　　　　　邮　　编:100084
　　　　社 总 机:010-62770175　　　　　　　　　　　　邮　　购:010-62786544
　　　　投稿与读者服务:010-62776969,c-service@tup.tsinghua.edu.cn
　　　　质量反馈:010-62772015,zhiliang@tup.tsinghua.edu.cn
　　　　课件下载:http://www.tup.com.cn,010-62795954
印 刷 者:三河市君旺印务有限公司
装 订 者:三河市新茂装订有限公司
经　　销:全国新华书店
开　　本:185mm×260mm　　　　印　张:12.5　　　　字　　数:301 千字
版　　次:2016 年 9 月第 1 版　　　　　　　　　　　　印　　次:2016 年 9 月第 1 次印刷
印　　数:1~2000
定　　价:29.00 元

产品编号:067992-01

程序与算法作为程序设计语言学习的核心内容,本书的作者多年从事程序设计语言(如 VB、C、C++ 、Python 等)和算法教学,发现学生在语法的学习上花费太多的精力,往往还不能领会到编写程序的真谛所在。因此,本书不讨论程序设计语言的语法细节,注重基本算法、基本理论、基本技能的教学,在内容的选取上力图精简,主要培养学生掌握程序设计的基本方法及提高其应用开发能力的思想。

本书共分 10 章,主要内容包括程序与算法、程序设计语言、数据结构、查找与排序、穷举法、递归法、分治法、动态规划法、贪心法、回溯法以及附录。

本书由周元哲、刘伟、邓万宇编写,其中,刘伟编写分治法、动态规划法、贪心法、回溯法章节,邓万宇编写数据结构、查找与排序章节,其余章节由周元哲编写,全书由周元哲负责本书大纲拟订与统稿工作。

学习计算机程序设计的最好方法是实践。本书采用 Python、VB. NET 和 C 等高级程序设计语言进行讲解,所有程序都在 Visual C 6.0 下调试运行通过。建议读者上机编写、运行和调试本书所给的例程。

西安邮电大学计算机学院的王玉清、孟伟君老师对本书的编写给予了大力的支持并提出了指导性意见,陈琳、郝羽等提出了很多宝贵的意见。清华大学出版社的张民老师对本教材的写作大纲、写作风格等提出了很多宝贵的意见。衷心感谢上述各位的支持和帮助。本书在写作过程中参阅了大量中外文的专著、教材、论文、报告及网上的资料,由于篇幅所限,未能一一列出。在此,向各位作者表示敬意和衷心的感谢。

本书可作为高等院校各专业学生学习程序设计和软件竞赛的教材或教学参考书,也可作为程序员和社会读者的自学辅助用书。由于作者水平有限,时间紧迫,本书难免有不足之处,我们诚恳期待读者的批评与指正,以使本书日臻完善。我们的电子信箱是 zhouyuanzhe@163.com。

作 者

2016 年 2 月

第 1 章　程序与算法

本章首先讲述了计算机相关的基础知识,如硬件、软件;其次,介绍了程序设计;最后讲解了算法的相关知识,包括算法的三个层次、五个属性、算法的复杂性,以及算法的几种表示方式。

1.1　计算机基础知识

1.1.1　硬件

计算机是由集成电路组成的电子设备,它由两部分组成:硬件系统和软件系统。所有可视的设备和外围设备都属于硬件系统。1944 年,美籍匈牙利数学家冯·诺依曼提出了计算机基本结构和工作方式的设想,为计算机的诞生和发展提供了理论基础。时至今日,尽管计算机软硬件技术飞速发展,但计算机本身的体系结构并没有明显的突破,当今的计算机的体系结构仍属于冯·诺依曼架构。

冯·诺依曼提出理论要点有以下两点:

(1)计算机硬件设备由存储器、运算器、控制器、输入设备和输出设备五个部分组成。其中,运算器和控制器组成中央处理器单元(Center Process Unit,CPU)。中央处理单元用于执行指令,如算数操作、从其他设备写入或读出数据。存储器分为内存和外存。CPU 从内存中读取所需要的数据,进行处理。内存中存储的数据是临时的,当程序退出或者计算机关机时,数据将会丢失。如果需要永久的存储数据,需要用到外存,如硬盘、闪存等设备。键盘、鼠标等输入设备用于接收用户输入数据和指令,显示器通常作为输出设备。

(2)存储程序思想——把计算过程描述为由许多命令按一定顺序组成的程序,然后把程序和数据一起输入计算机,计算机对已存入的程序和数据处理后,输出结果。图 1.1 为计算机体系结构图。

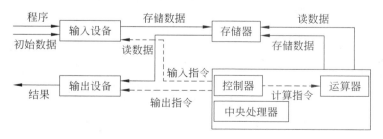

图 1.1　计算机体系结构图

1.1.2 软件

相对于硬件系统而言,软件系统由"不可视"的部分组成,是一系列按照特定顺序组织的计算机数据和指令的集合,如程序、数据、音频、视频等。实际上,不论指令还是数据都以二进制编码形式存在于计算机中。在二进制系统中只有两个数(0和1),这是因为计算机硬件组成的物理器件具有两种稳定状态,如门电路的导通与截止、电压的高与低,恰好对应表示1和0两个符号。

计算机软件一般分为系统软件和应用软件两大类。系统软件为计算机用户提供最基本的功能,一般是操作系统和通用平台,如 UNIX、Windows、Linux 和 Android 等,帮助用户管理计算机的硬件。应用软件则是为了特定目的而设计的软件,不同的应用软件根据用户和所服务的领域提供不同的功能,如 Office、Photoshop、游戏软件等。

一般认为,软件具有下列特性:

(1)软件是功能、性能相对完备的程序系统。程序是软件,但软件不仅仅是程序,还包括描述程序功能需求、程序如何操作和使用所要求的文档。

(2)软件是逻辑实体,而不是物理实体。软件可以记录在纸面上,保存在计算机的存储器中,也可以保留在磁盘、磁带等介质上,但却无法看到软件的形态,不具有空间的形体特征。

(3)软件不会"磨损",但会退化。一般情况下,有形的硬件产品在使用过程中总是会磨损的。在使用初期,往往磨损比较严重,而经过了一段时间,进入到相对稳定期,最后寿命快要到了。硬件的磨损与时间之间的关系如图1.2所示,具有"浴缸曲线"的形状。

软件不是有形的产品,因此也就不存在所谓的"磨损"问题,软件的故障曲线与时间之间的关系如图1.3所示。在软件的运行初期,由于未知的错误会引起程序在其生命初期有较高的故障率,然而当修正了这些错误而且也没有引入新的错误后,软件将进入到平稳运行期。软件尽管不会"磨损",但会退化,因为软件在其生命周期中会经历多次修改,每次修改都会引入新的错误,而对这些错误又要进行新的修改,使得软件的故障曲线呈现出"锯齿形"的形状。

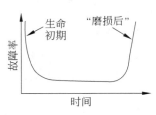

图 1.2　硬件故障率曲线

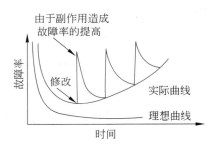

图 1.3　软件故障率曲线

1.2 程序设计

1.2.1 程序设计内容

软件和程序是两个概念,对于初学者往往会混淆。其实,这发生在软件发展历史的第一阶段(20世纪50年代初期至60年代中期),由于软件的生产个体化、规模较小、功能单一,软件只有程序而无文档,形成了"软件等于程序"的错误观念。程序是为实现特定目标或解决特定问题而用计算机语言编写的命令序列的集合,针对问题进行需求分析,设计算法和数据结构,采用合适的程序设计语言,编写源代码,通过编译环境翻译成CPU所能执行的指令,从而达到特定的目的。

著名计算机科学家沃思提出了一个公式:程序=数据结构+算法。其中,算法解决"如何操作数据?"的问题。数据结构是指定数据的类型和数据的组织形式,解决了"如何描述数据?"的问题。

1.2.2 程序设计过程

程序设计一般具有如下步骤,如图1.4所示。

(1)确立所需解决的问题以及最后应达到的要求。

对于所需解决的问题以及最后应达到的要求要进行认真的分析,确保在任务一开始就对它有详细而确切的了解。

(2)设计数据结构与算法。

分析问题构造模型。在得到一个基本的物理模型后,用数学语言描述它,例如列出解题的数学公式或联立方程式,即建立数学模型。找出解决问题的关键之处,即找出解决问题的方法和具体步骤,设计设计数据结构与算法。

(3)将算法转换为程序流程图。

将"算法"用流程框图或者伪代码等形式表示出来,使得编程者的思路更为清楚,减少程序编写中的错误。

(4)选择程序设计语言,编写程序。

将框图或者伪代码等转换为符合特定的计算机程序设计语言的语法,对源程序进行编辑、编译和连接。

(5)运行程序,分析结果。

程序调试,即试算,进行发现和排除程序故障,运行程序,得到必要的运算结果。

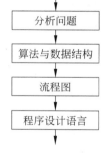

图1.4 程序设计步骤

1.3 算法

首先,来分析一道例题。

【例1.1】 找假币:假设$n(n\geqslant2)$枚硬币中有一枚为假币,假币重量比真币要轻,怎么才能找出假币？

【方法1】 一个个比较硬币，直到找出假币为止。假设 $n=10$，首先比较硬币 1 和硬币 2，会出现两种情况：

（1）如果重量不一样，较轻者即为假币；

（2）如果重量一样，则选取两枚中任意一枚与其下的硬币比较。

如上依次比较硬币 3、4、5……直到找出假币。在最差的情况下，比较 9 次才能找出假币。即，从 n 枚硬币中找出假币，需要比较 $n-1$ 次，比较过程如图 1.5 所示。

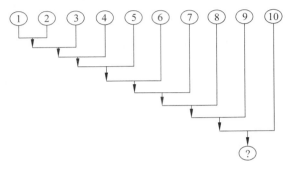

图 1.5   方法 1 示意图

【方法2】 在方法 1 中，若两枚硬币重量一样，说明都是真币，无须再进行比较。因此，将 n 枚硬币每两枚分为一组进行比较，10 枚硬币比较，会出现两种情况：

（1）如果重量不一样，较轻者即为假币；

（2）如果重量一样，就继续比较下一组的两枚硬币。

如上依次比较硬币 3、4、5……直到找出假币。在最差的情况下，比较 5 次就可找出假币。即，从 n 枚硬币中找出假币，需要比较 $n/2$ 次，比较过程如图 1.6 所示。

图 1.6   方法 2 示意图

【方法3】 在方法 2 中，既然所有硬币重量一样，将 n 枚硬币分为两组比较，有假币的一组必然轻些；再将较轻的这一组等分为两组比较，以此类推直到找出假币。从 n 枚硬币中找出假币，需要比较 $\log_2 n$ 次，10 枚硬币比较过程如图 1.7 所示。

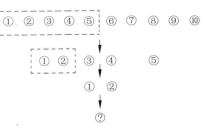

图 1.7   方法 3 示意图

可以看到，方法 3 比较的次数最少，不同的方法（算法）效率差距很大。

简单理解，"算法"就是解决一个问题而采取的方法和步骤，是对解题方案的准确而完整的描述，是一系列解决问题的清晰指令。

下面详细介绍算法的五个属性和三个层次。

1.3.1 五个属性

算法是通过对一定规范的输入进行处理,在有限时间内获得所要求的输出的整个过程,算法与具体的程序语言无关,一般具备以下五个特性:

(1)确定性。算法的每个步骤都应确切无误,没有歧义性。

(2)可行性。算法的每个步骤都必须满足计算机语言能够有效执行、可以实现的要求,并可得到确定的结果。

(3)有穷性。算法包含的步骤必须是有限的,并且在一个合理的时间限度内可以执行完毕,不能无休止地执行下去。例如计算圆周率,只能精确到某一位。

(4)输入性。由于算法的操作对象是数据,因此应在执行操作前提供数据,执行算法时可以有多个输入,例如,求两个整数 m 和 n 的最大公约数,则需要输入 m 和 n 的值;当然也可以没有输入,例如,求 4!。

(5)输出性。算法的目的是用于解决问题,则必然存在输出。一般提供 1 个或多个输出。

【例 1.2】 从键盘上输入三角形的三个边,求三角形面积。

【解析】 其算法步骤如下:

步骤 1,从键盘上任意输入三个整数,用 a、b、c 存储。

步骤 2,判断 a、b、c 是否符合三角形的定义,两边之和大于第三边。

步骤 3,如果符合三角形定义,则调用海伦公式,先求出周长的一半 $s=(a+b+c)/2$,$area=\sqrt{s(s-a)(s-b)(s-c)}$,求出三角形面积 area。

步骤 4,输出 area。

下面用算法的五个特性来分析例 1.2。

(1)确定性。例 1.2 共有 4 个步骤,每一个步骤都有确定的含义,没有二义性。

(2)可行性。例 1.2 的每个步骤都可以用高级程序设计语言,如 Python 语言或 C 语言等实现。

(3)有穷性。例 1.2 只有 4 个步骤,是有限的。

(4)输入性。例 1.2 有 3 个输入,a、b、c 分别代表三角形的 3 个边。

(5)输出性。例 1.2 有一个输出,area 代表三角形的面积。

1.3.2 三个层次

高级程序设计语言的学习,如 VB、C、Python、Java 等,大致包括如下两个内容:

(1)程序设计语言本身语法以及编程环境的学习和掌握;

(2)算法的学习。

作为程序设计的核心内容,算法的学习大致分为三个层次,如表 1.1 所示。

表 1.1　算法的三个层次

层　次	内　　容
第一层	一些基本的算法,如排序、查找、递归法等算法
第二层	涉及算法的时间复杂度和空间复杂度,如分治法、贪心算法、动态规划法等
第三层	涉及智能优化算法的学习,如遗传算法、蚁群算法、聚类算法等方法

　　第一层次是"算法基础教学阶段",学习基本的算法和程序设计方法,如查找、排序、递归程序设计等。典型的课程是"数据结构"。

　　第二层次是"算法提高教学阶段",学习一些重要的算法设计方法,如分治法、动态规划法、贪心法、回溯法等,理解算法的时间和空间复杂性以及复杂性分析等重要概念。典型的课程是"算法设计与分析"。

　　第三层次是"算法高级教学阶段",讲授工程应用中和数据智能处理相关的一些重要算法和模型,如最优化方法(如梯度下降法)、遗传算法、神经网络算法等。典型的课程是"工程最优化方法"、"模式识别"、"人工智能"等。

　　本书作为基本程序算法教程,重点介绍算法的第一层次和第二层次。对于某种算法(如动态规划法、贪心法、回溯法、分治法等)都适用于某些问题,所谓"某些"问题,是指某种算法并不能解决所有问题,同样,每种算法仅适于解决一类问题。

1.4　算法复杂性

　　一个算法的优劣主要从算法的执行时间和所需要占用的存储空间两个方面衡量,即用空间复杂度和时间复杂度来衡量程序的效率。

　　下面依次介绍算法的空间复杂度和时间复杂度。

1.4.1　空间复杂度

　　空间复杂度是对一个算法在运行过程中临时占用存储空间大小的量度,记做 $S(n)=O(f(n))$。

　　一个算法在计算机存储器上所占用的存储空间,包括算法的输入输出数据所占用的存储空间、算法本身所占用的存储空间和算法在运行过程中临时占用的存储空间。

　　(1) 算法的输入输出数据所占用的存储空间由要解决的问题决定,是通过参数表由调用函数传递而来的,它不随本算法的不同而改变。

　　(2) 算法本身所占用的存储空间与算法书写的长短成正比,要压缩这方面的存储空间,就必须编写出较短的算法。

　　(3) 算法在运行过程中临时占用的存储空间随算法的不同而异。

　　一个算法所占用的存储空间要从各方面综合考虑。如对于递归算法来说,一般都比较简短,算法本身所占用的存储空间较少,但运行时需要一个附加堆栈,占用较多的临时工作单元。非递归算法,由于算法书写一般较长,因此存储算法本身的空间较多,但运行时需要较少的存储单元。

1.4.2 时间复杂度

在计算机科学中,算法的时间复杂度是一个函数,通常用大 O 符号表述,用于定量描述了该算法的运行时间。算法中模块 n 的基本操作的重复执行次数计为函数 $f(n)$,算法的时间复杂度为 $T(n)=O(f(n))$。时间复杂度的增长率和 $f(n)$ 的增长率成正比,$f(n)$ 越小,时间复杂度越低,算法的效率越高。

常见的时间复杂度有:常数阶 $O(1)$,对数阶 $O(\log 2n)$,线性阶 $O(n)$,线性对数阶 $O(n\log 2n)$,平方阶 $O(n\text{\textasciicircum}2)$,立方阶 $O(n\text{\textasciicircum}3)$,……,$k$ 次方阶 $O(n\text{\textasciicircum}k)$,指数阶 $O(2\text{\textasciicircum}n)$。

【例 1.3】 矩阵相乘。

```
For(i=1;i<=n;++i)
{   for(j=1;j<=n;++j)
    {   c[i][j]=0;//该步骤属于基本操作执行次数:n的平方次
        for(k=1;k<=n;++k)
            c[i][j]+=a[i][k]*b[k][j];//该步骤属于基本操作执行次数:n的三次方次
    }
}
```

由于例 1.3 有三重循环,因此算法的时间复杂度为 $T(n)=O(n\text{\textasciicircum}3)$。

注意:$n\text{\textasciicircum}3$ 即是 n 的 3 次方。

1.4.3 算法评价标准

当设计一个算法,特别是大型算法时,要综合考虑算法的各项性能,如:算法的使用频率、算法处理的数据量、描述算法的语言特性、算法运行的系统环境等。通常从下面几个方面衡量算法的优劣。

1. 正确性

正确性指算法能满足具体问题的要求,即对任何合法的输入,算法都会得出正确的结果。

2. 可读性

可读性指算法被理解的难易程度。算法主要是为了人的阅读与交流,晦涩难懂的算法容易隐藏较多错误而难以调试。

3. 健壮性

健壮性又称为鲁棒性,是指对非法输入的抵抗能力。当输入的数据非法时,算法不应是中断程序的执行,而应恰当地做出反应或进行相应处理。

4. 高效率与低存储量需求

一个算法的时间复杂度和空间复杂度往往相互影响。当追求一个较好的时间复杂度时,可能会使空间复杂度的性能变差,即可能导致占用较多的存储空间;反之,当追求一个较好的空间复杂度时,可能会使时间复杂度的性能变差,即可能导致占用较长的运行时间。因此,为了不同的目的,往往采用"以空间换时间"或者"以时间换空间"的方法。

1.4.4 算法效率

算法效率和程序的简单程度是一致的,但不能牺牲程序的清晰性和可读性来提高效率。下面介绍提高算法效率的几种方法。

1. 减少程序复杂性

程序复杂性主要是指模块内部程序的复杂性,往往采用 McCabe 度量法,用于计算程序模块中环路的个数。实践表明,当程序内分支数或循环个数增加时,环形复杂度也随之增加,模块的环路的个数以 $V(G) \leqslant 10$ 为宜,也就是说,$V(G) = 10$ 是模块规模的上限。

计算圈复杂度 $V(G)$ 主要有如下三种方法:

(1) 将环路复杂性定义为控制流图中的区域数。

(2) $V(G) = E - N + 2$,E 是流图中边的数量,N 是流图中结点的数量。

(3) $V(G) = P + 1$,P 是流图 G 中判定结点的数量。

【例1.4】 计算图 1.8 的环形复杂性度量。

【解析】

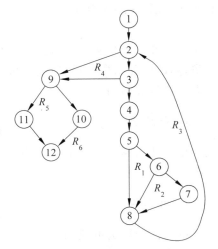

图 1.8 控制流图

(1) $V(G) = 6$

分析:图中的区域数为 6。

(2) $V(G) = E - N + 2 = 16 - 12 + 2 = 6$

分析:其中 E 为流图中的边数,N 为结点数。

(3) $V(G) = P + 1 = 5 + 1 = 6$

分析:其中 P 为谓词结点的个数。在流图中,结点 2、3、5、6、9 是谓词结点。

2. 选用等效的高效率算法

对算法的空间复杂度和时间复杂度进行优化,从而选择高效的算法。

【例1.5】 鸡兔问题:鸡兔共有 30 只,脚共有 90 个,问鸡、兔各有多少只。

【解析】 设鸡为 x 只,兔为 y 只,根据题目要求,列出方程组为:

$$\begin{cases} x + y = 30 \\ 2x + 4y = 9 \end{cases}$$

采用"穷举法",将 x 和 y 变量的每一个值都代入方程中进行尝试。

方法 1：利用二重循环来实现。

```c
#include<stdio.h>
int main()
{
    int x,y;
    for(x=0;x<=30;++x)
    { for(y=0;y<=30;++y)
        { if (x+y==30 && 2*x+4*y==90)
            printf("Chicken is%d,rabbit is%d\n",x,y);
        }
    }
}
```

注意：采用二重循环,循环体执行了 $31 \times 31 = 961$ 次。

方法 2：利用一重循环来实现。

```c
#include<stdio.h>
int main()
{
    int x,y;
    for(x=0;x<=30;++x)
    {y=30-x;
        {  if (2*x+4*y==90)
            printf("Chicken is%d,rabbit is%d\n",x,y);
        }
    }
}
```

注意：采用一重循环,循环体执行了 31 次。

方法 3：假设鸡兔共有 a 只,脚共有 b 个,a 为 30,b 为 90。那么方程组为：

$$\begin{cases} x+y=a \\ 2x+4y=b \end{cases} \rightarrow \begin{cases} x=(4a-b)/2 \\ y=(b-2a)/2 \end{cases}$$

```c
#include<stdio.h>
int main()
{
    int a,b,x,y;
    a=30;
    b=90;
    x=(4*a-b)/2;
    y=(b-2*a)/2;
    printf("Chicken is%d,rabbit is%d\n",x,y);
}
```

1.5 算法表示方式

程序设计采用自然语言描述容易产生二义性,即歧义。例如,英文单词"doctor"的汉语含意是"博士"或"医生",需要根据"doctor"所处的语境决定其含义。为了让算法表示的含义更为准确,往往采用流程图、伪语言、PAD 图和形式化语言(Z 语言等)等,下面依次进行介绍。

1.5.1 程序流程图

流程图是描述算法最常用的一种方法,通过几何框图、流向线和文字说明等流程图符号表示算法,直观形象,易于理解。美国国家标准化协会(American National Standard Institute,ANSI)规定了一些常用的流程图符号,如图 1.9 所示。

【例 1.6】 流程图举例。

【题意】 求最大公约数,流程图如图 1.10 所示。

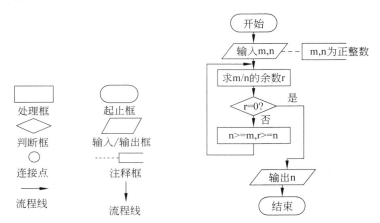

图 1.9 程序流程图基本符号   图 1.10 求最大公约数的算法

1.5.2 N-S 图

1973 年美国学者 I. Nassi 和 B. Shneiderman 提出了一种新的流程图形式,称为 N-S 图。N-S 图去掉带箭头的流程线,避免了流程无规律随意转移。N-S 图如图 1.11 所示。

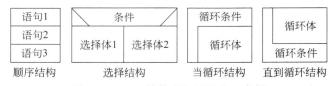

图 1.11 N-S 结构流程图基本元素框

（1）顺序结构：语句1、语句2和语句3三个框组成一个顺序结构。

（2）选择结构：当"条件"成立时执行"选择体1"操作，"条件"不成立时执行"选择体2"操作结构。

（3）循环结构：循环结构分为当循环结构和直到循环结构两种。

① 当型循环结构。先判断后执行，当"循环条件"成立时反复执行"循环体"操作，直到"循环条件"不成立为止。

② 直到型循环结构。先执行后判断，当"循环条件"不成立时反复执行"循环体"操作，直到"循环条件"成立为止。

【例1.7】 N-S图举例。

【题意】 求从 $1\sim n$ 之间整数依次相加之和不超过 10 000时 n 的值，N-S图如图1.12所示。

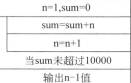

图1.12 N-S结构流程图

1.5.3 伪语言

伪语言（Pseudocode）也称伪代码，介于自然语言和计算机语言之间，并不是真正存在的编程语言。伪代码综合使用多种编程语言中语法、保留字，甚至会用到自然语言，不采用图形符号，因此书写方便、格式紧凑，便于向计算机编程语言（Pascal、C、Java……）过渡。

【例1.8】 伪代码举例。

【题意】 输入3个数，打印输出其中最大的数。伪代码如下所示：

```
Begin(算法开始)
输入 A,B,C
IF A>B 则 A→Max
否则 B→Max
IF C>Max 则 C→Max
Print Max
End (算法结束)
```

1.6 习题

1. 冯·诺依曼理论是什么？

2. 软件和程序是否一样？

3. 什么是算法？算法的五个属性是什么？

4. 如何理解算法的空间复杂度和时间复杂度？

5. N-S图相对于程序流程图有哪些特点？

6. 任意给一个四位数（各位数不完全相同），各个位上的数可组成一个最大数和一个最小数，它们的差又能组成一个最大数和一个最小数，直到某一步得到的差将会出现循环重复。写一个程序统计所有满足以上条件的四位数。例如：

$3100-0013=3087$

$8730-0378=8352$

$8532-2358=6174$

$7641-1467=6174$

7. $(a+b)$ 的 n 次幂的展开式中各项的系数很有规律,当 $n=2,3,4$ 时分别是 121,1331,14641。这些系数构成了著名的杨辉三角形:

$$
\begin{array}{ccccccc}
 & & & 1 & & & \\
 & & 1 & & 1 & & \\
 & & 1 & 2 & 1 & & \\
 & 1 & 3 & 3 & 1 & & \\
 & 1 & 4 & 6 & 4 & 1 & \\
1 & 5 & 10 & 10 & 5 & 1 &
\end{array}
$$

编写代码实现杨辉三角形。

8. 如果有两个数,每一个数的所有约数(除它本身以外)的和正好等于对方,则称这两个数为互满数。求出 3000 以内所有的互满数,并显示输出。

9. 验证任意一个大于 5 的奇数可表示为 3 个素数之和。

第 2 章　程序设计语言

程序是计算机的指令序列,编程就是将详细分析的结果翻译成符合计算机的指令序列。本章首先介绍了计算机程序设计语言的演变历史,就面向过程程序设计语言和面向对象程序设计语言做了详细的分析,从编码风格和编码效率两方面介绍了编码规范,最后介绍了调试的相关知识,以及选择编程语言应采取怎样的标准。

2.1　程序设计语言演变历史

程序设计语言就是人与计算机"交谈"的语言,是让计算机能够理解人的语言并不断提升能够模仿人类思考问题的能力。计算机语言演化历史主要经历了机器语言、汇编语言、面向过程设计语言、面向对象程序设计语言和智能化语言共 5 个阶段。

2.1.1　机器语言

第一代计算机语言称为机器语言。机器语言将计算机指令中的操作码和操作数以 0 和 1 的二进制表示,可被计算机直接识别和执行。机器语言的优点是无须翻译、占用内存少、执行速度快;缺点是随计算机硬件的不同差异很大,并且由于机器指令和数据都是二进制,难以阅读和记忆,其编码工作量大,难以维护管理。

2.1.2　汇编语言

第二代计算机语言称为汇编语言。汇编语言引入助记符(一般为指令的英文名称的缩写)来表示机器指令的符号语言。例如用 ADD 表示加法,用 SUB 表示减法等。汇编语言编写的程序必须经过翻译(称为汇编),变成机器语言程序才能执行。汇编语言在一定程度上克服了机器语言难以辨认和记忆的缺点,但对于大多数用户来说,仍然不便于理解和使用。

2.1.3　面向过程设计语言

第三代计算机语言称为面向过程设计语言。从面向过程设计语言开始,程序设计语言进入了高级编程语言阶段。高级编程语言的描述形式接近自然语言,采用类似自然语言的形式描述对问题的处理过程,用数学表达式的形式描述对数据的计算过程。高级编程语言面向解题的算法而不是具体机器的指令系统,又称算法语言。常用的计算机高级语言有 Basic、Cobol、Pascal 和 C 语言等。

2.1.4 面向对象程序设计语言

第四代计算机语言称为面向对象程序设计语言,或非过程化语言,相对与第三代程序设计语言,引入了对象和类的概念,其具有如下特点:非过程性、采用图形窗口和人机对话形式、基于数据库和"面向对象"技术,第四代语言具有易编程、易理解、易使用、易维护等特点,面向对象程序设计语言有 Visual Basic、Java、Python、Visual C ++ 和 Delphi 等。

2.1.5 智能化语言

第五代计算机语言称为智能化语言,主要应用于人工智能领域,用于编写推理、演绎程序。目前,国内外大多数软件是用第三代或第四代计算机语言编写的。

2.2 结构化程序设计

程序处理流程一般是输入、处理、输出(In-Process-Out,IPO)三步骤,如图 2.1 所示。输入包括变量赋值、输入语句;处理包括算术运算、逻辑运算、算法处理等;输出包括打印输出、写入文件和数据库等。

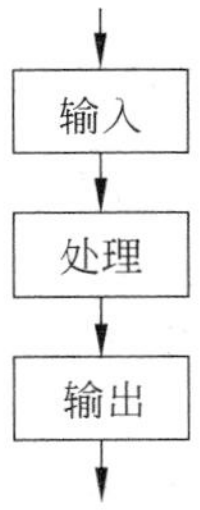

结构化程序设计方法的基本思路是,把一个复杂问题的求解过程分阶段进行,每个阶段处理的问题都控制在人们容易理解和处理的范围内。

结构化程序采用如下方法:

(1) 自顶向下;

(2) 逐步细化;

(3) 模块化设计;

(4) 结构化编码。

图 2.1 程序处理流程

2.2.1 自顶向下

程序设计时,应先考虑总体,后考虑细节;先考虑全局目标,后考虑局部目标。不要一开始就过多追求众多的细节,先从最上层总目标开始设计,逐步使问题具体化。

2.2.2 逐步细化

一个复杂的问题通常采用"分而治之"的思想解决,把大任务分解为多个小的任务,解决每个小的、容易的子任务,从而解决较大的复杂任务。

2.2.3　模块化设计

模块化是把程序要解决的总目标分解为子目标,再进一步分解为具体的小目标,把每一个小目标称为一个模块。模块在计算机程序设计语言中往往又称为函数或过程,函数用于完成相同的功能,在程序的不同地方通过函数名称调用执行,从而不必重复书写语句,降低了程序的代码量,这个公共单位称为函数。

一般来说,函数的大小应在 70～200 行代码之间,如果小于这个范围,就要考虑这个函数是否需要单独提出来;如果大于这个范围,就应当考虑是否应将大的函数细化。

2.2.4　结构化编码

结构化程序设计方法的起源来自对 GOTO 语句的认识和争论,其中,肯定的结论是,在块和进程的非正常出口处往往需要用 GOTO 语句,使用 GOTO 语句会使程序执行效率较高;在合成程序目标时,GOTO 语句往往是有用的,如返回语句用 GOTO。反之,否定的结论是,GOTO 语句是有害的,是造成程序混乱的祸根,程序的质量与 GOTO 语句的数量呈反比,应该在所有高级程序设计语言中取消 GOTO 语句。

作为争论的结论,1974 年 Knuth 证实如下:

(1) GOTO 语句确实有害,应当尽量避免,取消 GOTO 语句,程序则易于理解、易于排错、容易维护,容易进行正确性证明。

(2) 完全避免使用 GOTO 语句也并非是个明智的方法,有些地方使用 GOTO 语句,会使程序流程更清楚、效率更高。

(3) 争论的焦点不应该放在是否取消 GOTO 语句上,而应该放在用什么样的程序结构上。其中最关键的是,应在以提高程序清晰性为目标的结构化方法中限制使用 GOTO 语句。

2.3　三种基本结构

1966 年 Bobra 和 Jacopini 提出顺序结构、选择结构和循环结构三种基本结构。

1. 顺序结构

顺序结构由一系列顺序执行的操作(语句)组成,是一种线性结构,例如火车在轨道上行驶,只有过了上一站点才能到达下一站点。

2. 选择结构

选择结构根据一定的条件选择下一步要执行的操作,例如在一个十字路口处,可以选择向东、南、西、北几个方向行走。

3. 循环结构

循环结构作为程序设计中最能发挥计算机特长的基本结构,可以减少程序代码重复书写的工作量。循环结构是根据一定的条件重复执行一个操作集合,例如 800 米跑,围着足球场跑道不停地跑,直到满足条件时(2 圈)才停下来。

2.3.1 顺序结构

顺序结构是最简单的控制结构,程序按照语句书写顺序一句接着一句地执行,语句主要有赋值语句、输入/输出语句等,程序执行是按照语句的先后次序从上到下执行。顺序结构沿着一个方向进行,具有唯一的一个入口和一个出口。顺序结构的流程图和 N-S 图如图 2.2 和图 2.3 所示。

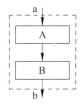

图 2.2 顺序结构的流程图表示　　图 2.3 顺序结构的 N-S 图表示

程序执行是按照语句的先后次序从上到下执行的,只有先执行完语句 A,才会执行语句 B。根据算法的特性,语句 A 将输入数值进行处理后,输出结果为作为语句 B 的输入。也就是说,如果没有执行语句 A,语句 B 不会执行。

2.3.2 选择结构

选择结构又称为分支语句、条件判定结构,表示在某种特定的条件下选择程序中的特定语句执行,即对不同的问题采用不同的处理方法。选择结构的流程图和 N-S 图分别如图 2.4 和图 2.5 所示。当条件成立时执行模块 A,条件不成立时执行模块 B。

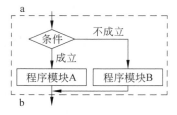

图 2.4 分支结构的流程图表示　　图 2.5 分支结构的 N-S 图表示

2.3.3 循环结构

循环结构是指程序从某处开始有规律地反复执行某一操作块的现象。如果满足条件表达式后,反复地执行某些语言或某一操作,就需要循环结构。循环结构分为确定次数循环和不确定次数循环。

(1) 确定次数循环:是指开始执行循环体时,循环变量的取值范围就已经确定,循环体被执行的具体次数为 $=\mathrm{Int}\left(\dfrac{终值-初值}{步长}+1\right)$。例如求 $1\sim100$ 之间的所有自然数之和。

(2) 不确定次数循环:有些循环只知道循环结束的条件,而重复执行的次数事先并不知道,称为不确定次数循环。例如,精确计算圆周率 π,公式如下:$\pi/4=1-1/3+1/5-1/7+\cdots+1/n$。这实际是求一个数列的前 n 项累加和,通常要求累加至最后一项的值小于 10^{-6}。分析可知,n 的值在开始时是无法确定,只能在累加的过程中进行判断,也就是说,循环次数只能通过 $1/n$ 是否小于 10^{-6} 来确定。

根据循环的实现方式的不同,分为当型循环和直到型循环两种形式。

(1) 当型循环。

先判断,只要条件成立(为真)就反复执行程序模块;当条件不成立(为假)时则结束循环。当型循环结构的流程图和 N-S 图如图 2.6 所示。

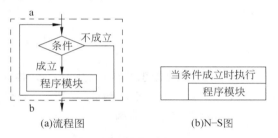

图 2.6　当型循环结构的流程图和 N-S 图

(2) 直到型循环。

先执行程序模块,再判断条件是否成立。如果条件成立(为真)则继续执行循环体;如果条件不成立(为假)时则结束循环。直到型循环结构的流程图和 N-S 图如图 2.7 所示。

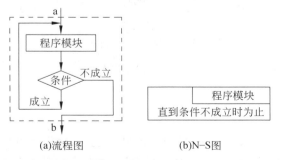

图 2.7　直到型循环结构的流程图和 N-S 图

2.4　高级程序设计语言的基本结构

高级程序设计语言符合人解决问题的思维方式,其所编写的程序容易阅读、测试和维护。高级程序设计语言包括面向过程程序设计语言(C、Basic、Pascal 等)和面向对象程序设计语言(Visual Basic、Java、Python、Visual C++ 和 Delphi 等),这些语言虽然都有其自己的特点及其特殊的用途,但它们的语法成分、层次结构具有一定的共性。

2.4.1　面向过程程序设计语言

面向过程程序设计语言是程序设计的基础。其中,C 程序设计语言作为其典型代表,在 1972 年由美国贝尔实验室的 D. M. Ritchie 开发,采用结构化编程方法,遵从自顶向下的原则,在涉及操作系统和硬件的编程时优势明显。

1. 数组

数组是用相同的名字引用一系列变量,表示一组相同性质的数据。数组并不是一种新的数据类型,只是一些相同类型的数据按一定顺序组成的序列,数组在内存空间中连续的存放。通过循环来控制数组中的每个元素,从而对于整个数组的操作,实现从处理"单个数据"到处理"多个数据"。

2. 过程

复杂的问题通常采用"分而治之"的思想解决,将大任务分解为多个小的任务。较小任务称为过程(函数或模块),只完成一个特定的功能,一般 60～200 行代码之间。过程之间可以相互调用,图 2.8 为 C 语言程序基本结构。

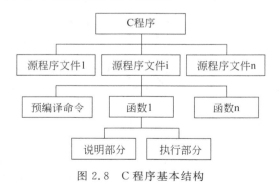

图 2.8　C 程序基本结构

3. 指针

作为 C 语言的重要概念,指针是 C 语言的精华之一,用指针可以实现函数参数的引用传递,减少传递参数的开销,还能直接对内存地址操作,实现动态存储管理;使程序简洁、紧凑、高效、灵活,但也容易产生副作用:系统对指针浮动、越界、内存泄露等都不做检查。

2.4.2 面向对象程序设计语言

面向对象程序设计语言引入了对象和类的概念,对象具有属性和行为,通过消息来实现对象之间的相互操作,面向对象程序设计语言有封装性、继承性和多态性三大特性,下面依次进行介绍。

1. 封装性

封装具有对内部细节隐藏保护的能力,保证了类具有较好的独立性,防止外部程序破坏类的内部数据,同时便于程序的维护和修改。

2. 继承性

继承是一种连接类与类的层次模型,利用现有类派生出新类的过程称为继承。新类拥有原有类的特性,又增加了自身新的特性。例如,在动物物种系统中,基类是"动物"可以派生出许多更加特殊的动物类,如脊椎动物、爬行动物、哺乳动物等,它们在拥有基类所有属性和操作的基础上还有其各自的属性和操作,如脊椎动物具有脊椎、爬行动物能够爬行、哺乳动物通过哺乳养育下一代等。对于一个派生类,如果只有一个基类,则称为单继承;如果同时有多个基类,则称为多重继承。单继承可以看成是多重继承的一个最简单特例,而多重继承可以看成是多个单继承的组合。图2.9(a)是单继承,运输汽车类和专用汽车类就是从汽车类中派生而来;图2.9(b)则是多继承,孩子类从母亲类和父亲类两个类综合派生而来。

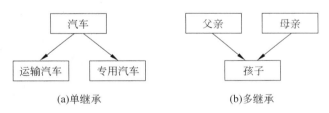

(a)单继承 　　　　　　　　　　　(b)多继承

图2.9　单继承与多继承

继承性简化类和对象的创建工作量,增强代码的可重用性,具有如下优点:
- 易编程、易理解、代码短、结构清晰;
- 易修改:共同部分只要在一处修改即可;
- 易增加新类:只需描述不同部分。

3. 多态性

多态性(polymorphism)一词来源于希腊,poly(表示多的意思)和 morphos(意为形态)。在自然语言中,多态性是"一词多义",是指两个或多个对象对于同一消息做出不同响应的方式。例如,某个属于"形体"基类的对象,在调用它的"计算面积"方法时,程序会自动判断出它的具体类型,如果是圆,则将调用圆对应的"计算面积"方法;如果是正方形,则调用正方形对应的"计算面积"方法。这种在运行情况下的动态识别派生类,并根据对象所属的派生类自动调用相应方法的特性就是"多态性"。多态性允许每个对象以适合自身的方式去响应共同的消息,不必为相同功能的操作作用于不同的对象而去特意识别,为软件开发和维护提供了极大的方便。

2.5 代码书写规则

2.5.1 缩进

程序设计的风格强调"清晰第一,效率第二",应注意程序代码书写的视觉组织。如果所有程序代码语句都从最左一列开始,则很难表明程序语句之间的关系,因此针对判断、循环等语句按一定的规则进行缩进,使得代码具有层次性,可读性大为改善。

程序设计语言对于缩进要求不一样,如,C 语言中的缩进对于代码的编写来说是"有了更好",而不是"没有不行",仅作为书写代码风格。而 Python 语言则将缩进作为语法要求,通过使用代码块的缩进来体现语句的逻辑关系,行首的空白称为缩进,缩进结束就表示一个代码块结束了。C 语言与 Python 语言缩进对比如图 2.10 所示。

VB. NET 代码缩进与 C 语言类似,其 if 语句嵌套的缩进书写格式如图 2.11 所示。

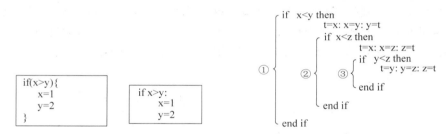

图 2.10　C 语言与 Python 语言缩进对比　　　　图 2.11　程序缩进书写格式

2.5.2 逻辑行与物理行

物理行是在书写程序代码的表现形式。逻辑行是程序设计语言解释的代码形式中的单个语句。程序设计语言一方面希望物理行与逻辑行一一对应,每行只有一个语句,便于代码理解。另一方面,程序设计语言又希望书写灵活,以 Python 语言为例,其书写规则如下所示:

(1) Python 中每个语句以换行结束。

(2) 一个物理行中使用多于一个逻辑行,即多条语句书写在一行,使用分号(;)例如:

```
principal=1000;rate=0.05;numyears=5;
```

(3) 当语句太长时,也可以一条语句跨多行书写,即多个物理行写一个逻辑行,用反斜线(\)作为续行符。

【例 2.1】 反斜线(\)举例。

```
print \
i
```

与如下写法效果相同:

```
print i
```

但是,当语句中包含[],{}或（ ）括号就不需要使用多行连接符。如下:

```
days=['Monday','Tuesday',
      'Wednesday','Thursday','Friday']
```

2.5.3 注释

注释可以帮助读者去思考每个过程、每个函数、每条语句的含义,便于编程员的相互讨论,有利于程序的维护和调试。一般情况下,源程序中有效注释量占总代码的 20%以上。

程序的注释分为序言性注释和功能性注释。

(1) 序言性注释:位于每个模块开始处,作为序言性的注解,简要描述模块的功能、主要算法、接口特点、重要数据以及开发简史。

(2) 功能性注释:插在程序中间,与一段程序代码有关的注解,是针对一些必要的变量和核心的代码进行解释,主要解释包含这段代码的必要性。

以 VB. NET 为例,注释有如下一些约定。

(1) 注释可以添加在代码中的任意位置,但不能添加在字符串中。

(2) 若要将注释追加到某语句,可在该语句后插入一个撇号或 REM,后面添加注释。

(3) 注释还可以位于单独的行中,一般位于所要注释的代码上一行。

2.5.4 编码习惯

良好的编码习惯有助于编写出可靠的易于维护的程序,编码的风格在很大程度上决定着程序的质量。下面列出一些良好的编程习惯,以便于程序的编辑和调试。

(1) 复杂的表达式使用"括号"优先级处理,避免二义性。

(2) 单个函数的程序行数最好不要超过 100 行。

(3) 尽量使用标准库函数和公共函数。

(4) 不要随意定义全局变量,尽量使用局部变量。

(5) 保持注释与代码完全一致,改了代码别忘改注释。

(6) 采用匈牙利命名法,即采用小写前缀加上有特定描述意义的名字方式为变量命名。强调命名应"见名思义"。

(7) 循环、分支层次最好不要超过五层。

（8）在编程序前，尽可能化简表达式。

（9）仔细检查算法中的嵌套的循环，尽可能将某些语句或表达式移到循环外面。

（10）尽量避免使用多维数组。

（11）避免混淆数据类型。

（12）尽量采用算术表达式和布尔表达式。

（13）保持控制流的局部性和直线性。控制流的局部性是为了提高程序的清晰度和易修改性，防止错误的扩散。

控制流的直线性主要体现在如下两个方面。

（1）对多入口和多出口的控制结构要做适当的处理。

结构化程序的主要特点是单入口和单出口，保持控制流的直线性使之清晰易懂。其中，高级语言为提前退出循环提供了专用语句，像 C 语言中的 BREAK 语句，VB. NET 语言中的 EXIT DO 和 EXIT FOR 语句等。

（2）避免使用含义模糊或令人费解的结构。

【例 2.2】 阅读下面 C 语言代码，注意 else 的配对问题并分析其执行结果。

```c
#include "stdio.h"
main()
{ int x=2,y=-1,z=2;
  if(x<y)
  if(y>0) z=0;
  else z+=1;
  printf("z=%d\n",z);
}
```

分析：程序段中的 else 应和哪个 if 配对？显然，根据刚讲过的规定，else 应和第二个 if 匹配，即这两条语句为一个整体。把握了这一点，问题就迎刃而解了。判断第一个 if 的条件，x<y 即 2<−1，显然为假，不执行它相应的语句即第二个 if 语句，同时，else 又和这个 if 匹配成对，所以，此时的程序就直接跳到 printf 语句了！

运行结果：

```
z=2
```

说明：在嵌套的选择结构中，then-if 结构很容易导致二义性。程序设计者的原意是让 else 语句与第一个 if 语句配套。但实际上系统在编译的时候，把 else 语句与离它最近 if 语句配套，即与第二条 if 语句配套，从而引起错误。

2.6　程序调试

调试的英语单词为"debug"，关于 debug 的由来有这样一个故事：1937 年，女数学家霍波为"马克 1 号"计算机编程，检查故障时，发现是一只飞蛾在触点"卡"住了计算机运行，霍波把程序故障称为"臭虫（bug）"，把排除程序故障叫 debug，从此，debug 就成为计算机领域专业行话，表示改正程序中的错误。

2.6.1 调试策略

调试的关键不是调试技术，而是用来推断错误原因的基本策略。如何推断程序内部的错误位置及原因，可以采用以下方法：

（1）试探法。作为最低效的方法，通过经验猜测错误。例如输出存储器、寄存器的内容，从中找到出错信息。

（2）回溯法。从错误出现的地方向回检查，直到找到错误根源或确定错误产生的范围。例如，程序中发现错误处是某个打印语句。通过输出值可推断程序在这一点上变量的值。再从这一点出发，回溯程序的执行过程，反复考虑："如果程序在这一点上的状态（变量的值）是这样，那么程序在上一点的状态一定是这样……"，直到找到错误的位置。

（3）归纳法：归纳法是从特殊推断一般的系统化思考方法，其基本思想是从一些线索（错误征兆）着手，通过分析它们之间的关系来找出错误，推测错误位置及错误性质。归纳法大致分为以下四步：

步骤一，收集数据。列出所有已知的测试用例和程序执行结果，分析哪些输入数据的运行结果是正确的，哪些输入数据的运行结果是错误的。

步骤二，分析数据。归纳法是从特殊到一般的推断过程，常采用 3W1H 形式的"分类法"。即"What"列出一般现象；"Where"说明发现现象的地点；"When"列出现象发生的时间；"How"说明现象如何发生。

步骤三，提出假设。分析线索之间的关系，观察矛盾现象，设计一个或多个关于出错原因的假设。

步骤四，证明假设。把假设与原始线索或数据进行比较，若它能完全解释，则假设证明成立；反之，认为假设不合理。

2.6.2 三种调试工具

高级程序设计语言的 IDE 环境具有跟踪程序执行、设置断点和监视变量三大类调试方法，通过这 3 种方法的有机组合，帮助读者分析程序，找到语义错误。下面以 VB. NET 为例进行介绍。

1. 跟踪程序

当程序出错的具体位置不易确定，只能够猜测到在某个范围内可能存在问题时，需要在此范围内追踪程序的执行结果，同时在调试窗口中观察内部数据的变化情况，确定问题。这种调试方式称为"分步执行"或称为程序的"跟踪"。VB. NET 用黄色光带表示程序当前的运行位置，只有每次按下"逐语句"（F8）键，黄色光带才能往下移动；若不按 F8

键,则黄色光带停止不动,程序不执行,如图 2.12 所示。

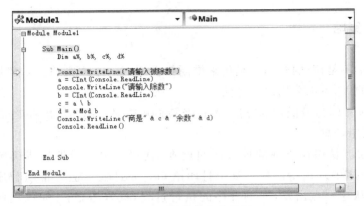

图 2.12　跟踪程序示意图

2. 添加监视

在逐语句运行的情况下,通过"监视"对话框显示当前被监视变量或表达式的值,从而分析程序,如图 2.13 所示。

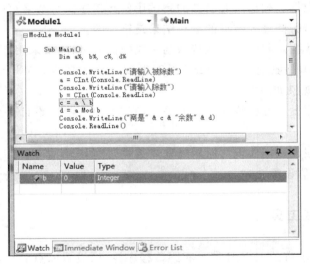

图 2.13　"监视"对话框

3. 设置断点

为了排除程序中的错误,往往需要程序在怀疑有错误的语句处暂停下来,以便查看程序的运行状态、变量的取值等信息,让程序暂停下来的简单方法就是设置断点。顾名思义,程序运行到断点处,就停止了,就"断"了,不能再往下执行了,如图 2.14 所示。

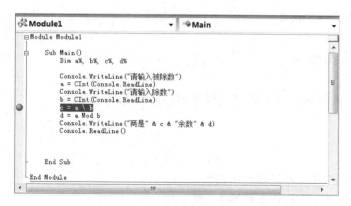

图 2.14 设置断点示意图

2.7 选择语言的标准

程序设计语言作为人与计算机通信交流的工具,每种语言都有自己的特性和应用场合,其特点必然会影响人解题的方式,影响阅读和理解程序的难易程度。因此,选择适当的程序设计语言是非常重要的工作。程序设计语言的选择基于如下准则。

2.7.1 项目应用领域

项目的应用领域作为选择程序设计语言最关键的因素,具体如下所示:
(1) 用于科学计算的语言包括 FORTRAN、Algol、Pascal、C 等;
(2) 用于系统软件设计的语言包括 Pascal、C、Modula 等;
(3) 商用数据处理语言包括 Cobol、PL/I、dBASE Ⅱ、dBASE Ⅲ、FoxPro、SQL、Sybase、Oracle 等;
(4) 人工智能语言包括 Lisp、Prolog、FLL 等;
(5) 实时计算机系统包括汇编语言、Ada 以及其他实时处理语言;
(6) 面向对象的语言包括 SmallTalk、Java、VB. NET、C++ 等。

2.7.2 算法复杂度

一般来说,商用数据处理和应用软件的算法相对简单;而系统软件,工程计算模拟实时计算机系统以及人工智能的算法较为复杂,应根据各个语言的特点,选取能够适应软件项目算法和计算复杂性的语言。

2.7.3 数据结构复杂性

一般来说,商用数据处理和系统软件的数据结构较复杂,工程计算和模拟,实时计算机系统等数据结构较为简单。

2.7.4　开发人员水平

软件开发人员的水平直接决定了所要选择的程序设计语言。

2.8　习题

1. 程序设计语言经过了哪些阶段?
2. 结构化程序设计有什么特性?
3. 三种基本结构是什么? 如何理解"死循环"?
4. 面向对象程序设计语言有哪些核心概念?
5. 代码书写时,应注意哪些规则?
6. 三种调试工具分别是什么?
7. 选择计算机程序设计语言的标准是什么?

第3章 数据结构

数据结构是相互之间存在的一种或多种特定关系的数据元素的集合。数据结构中的"关系"是指数据间的逻辑关系,与数据的物理存储方式无关,同一种逻辑结构可以有多种不同物理存储方式。本章将详细介绍数据结构的几大分类:线形结构、树形结构和图(网状)结构。

3.1 概述

数据结构在计算机领域中具有重要地位,是操作系统、人工智能、计算机组成原理、程序设计、软件工程、数据库、编译原理等课程的重要基础。数据结构在计算机学科具有核心的地位,如图 3.1 所示。

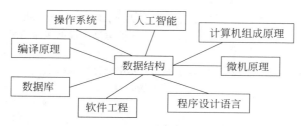

图 3.1 数据结构在计算机学科中的地位

数据结构研究相关的各种信息如何表示、组织和存储与加工处理,"数据结构"中的"关系"指数据间的逻辑关系,与数据的物理存储无关,是从具体问题抽象出来的数学模型。一般有线性结构和非线性结构。

3.2 线性表

3.2.1 相关概念

线性表是最常用的数据结构之一,它是由 $n(n \geqslant 0)$ 个数据元素(结点)组成的满足如下条件的有限序列 $(a_0, a_1, \cdots, a_{n-1})$:

(1) 当 $i=1, \cdots, n-1$ 时,a_i 有且仅有一个直接前趋 a_{i-1};

(2) 当 $i=0, 1, \cdots, n-2$ 时,有且仅有一个直接后继 a_{i+1};

(3) 表中第一个元素 a_0 没有前趋;

(4) 最后一个元素 a_{n-1} 无后继。

数据元素的个数 n 称为线性表长度,长度为 0 时称为空表。数据元素可以是单一类型的数据,如整数、字符串等,也可以由若干个数据项组成的结构体,如学生信息(学号、姓名、班级)等。

对线性表主要有如下操作:

- 线性表的创建——构造一个空的线性表;
- 线性表的查找——给定的一个数据元素值,查找该数据元素的位置;
- 线性表的插入——在线性表的第 i 个位置上插入一个值为 x 的新元素;
- 线性表的删除——在线性表中删除序号为 i 的数据元素。

3.2.2 线性表存储

线性表的实现有顺序存储和链式存储两种方式。

1. 线性存储

线性表的结点按逻辑次序依次存放在地址连续的存储单元中,使得逻辑上相邻的元素在物理位置上亦相邻。用这种方法实现的线性表简称为顺序表。

```
#define ListSize 100        //表空间的大小,这里假设为 100
typedef  int   DataType;     //DataType 的类型可根据实际情况而定,这里假设为 int
typedef struct
{ DataType data[ListSize];   //向量 data 用于存放表结点
   int length;               //当前的表长度
}SeqList;
```

在此基础上,线性表的基本操作实现如下:

- 表的初始化。即置表为空,因此初始化时表的长度置为 0。

```
void InitList(SeqList * L)
{   L->length=0;}
```

- 求表长,即返回 length 变量的值。

```
int ListLength(SeqList * L)
{  return L->length;  }
```

- 取表中第 i 个结点,需首先判断给定位置是否在数据范围,如果超出数据范围,则无法取出,否则返回 L->data[i-1]。

```
DataType GetNode(SeqList * L,int i)
{ if (i<0||i>L->length-1)  printf("position error");
  else  return L->data[i];
}
```

- 查找。

从链表的第一个结点起,判断当前结点值是否等于 x,若是,则返回该结点的下标;否则继续后一个,直到扫描到表结束为止。若最终未找到,则返回 -1。

```
int   Locate_List(SeqList L,datatype x)
{  for (int i=0;i<=SeqList->length-1;i++)
   {  if (SeqList->data[i]==x) return i  }
   return-1;
}
```

• 插入。

线性表的插入是指在表的第 $i(0 \leqslant i \leqslant n)$ 个位置插入一个新结点 x，使长度为 n 的线性表 $(a_0, \cdots, a_{i+1}, a_i, \cdots, a_{n-1})$ 变成长度为 $n+1$ 的线性表 $(a_0, \cdots, a_{i-1}, x, a_i, \cdots, a_{n-1})$。由于顺序表中结点的物理顺序与逻辑顺序相同，因此插入数据时必须将数据 $a_n, a_{n-1}, \cdots, a_i$ 依次后移 1 位腾出位置 i，然后插入新结点 x。但当插入位置在表尾 $(i=n)$ 时，无须移动结点，直接将 x 插在表尾即可。此外，因为顺序表的存储空间大小固定，因此在插入时需先判断表中是否还有空间，若表已满将无法插入。

```
void InsertList(SeqList * L,DataType x,int i)
{    if (i<1||i>L->length+1) {  printf("position error");  return;}
     if (L->length>=ListSize) {  printf("overflow");  return;}//表已满
     for(int j=L->length-1;j>=i-1;j--)   L->data[j+1]=L->data[j];//结点
     后移
     L->data[i-1]=x;        //插入 x
     L->Length++;           //表长加 1
}
```

• 删除。

给定删除元素所在的位置 i，线性表删除操作时只需将 $a_{n-1}, a_{n-2}, \cdots, a_{i+1}$ 依次前移 1 位，把位置 i 的元素覆盖即可。当删除最后一个元素时，无须移动结点，直接将 a_n 删除。

```
voidDelList(SeqList * L,int i)
{    if (i<0||i>L->length) {  printf("position error");  return;}
     for (int j=i;j<=L->length-1;j++)  L->data[j]=L->data[j+1];  //结点前移
     L->length--;                                                //表长减 1
}
```

2. 链式存储

顺序表的插入、删除涉及大量的数据移动，效率较低，根本原因在于数据的逻辑关系通过物理关系来表示。而链式存储通过指针表示数据元素之间的逻辑关系，不要求逻辑上相邻数据在物理上相邻，即使在数据插入、删除时也不涉及数据移动问题。

链式存储通过一组含有指针的存储单元来存储线性表的数据及其逻辑关系。采用链式存储的线性表通常称为单链表。单链表结点的结构如图 3.2 所示，除存放元素的数据域（data）外，还有存放后继元素地址的指针域（next）。

结点数据类型可表示为：

data	next

图 3.2 链表数据结点的结构

```
typedef   int   DataType;
```

```
typedef struct node
{   datatype data;   /*数据域*/
    struct node * next;   /*后续元素地址的指针域*/
} LNode
```

1）单链表的创建

创建链表的方法有两种，分别是头部插入法和尾部插入法。

（1）头部插入法。

该方法从一个空表开始，生成新结点，并将读取到的数据存放到新结点的数据域中，然后将新结点插入到当前链表的表头，即头结点之后。

```
Lnode * Creat_LinkList1()
  {   Lnode * L=NULL;/*空表*/
      Lnode * s;
      int x;/*设数据元素的类型为 int*/
      scanf("%d",&x);
      while (x!=flag)
          {   s=malloc(sizeof(LNode));
              s->data=x;   s->next=L;L=s;   scanf ("%d",&x);
          }
      return L;
  }
```

采用头插法建立单链表，读入数据的顺序与生成的链表中元素的顺序是相反的。每个结点插入的时间为 $O(1)$，设单链表长为 n，则总的时间复杂度为 $O(n)$。

（2）尾部插入法。

头插法建立单链表的算法虽然简单，但生成的链表中结点的次序和输入数据的顺序不一致。若希望两者次序一致，可采用尾插法。该方法是将新结点插入到当前链表的表尾上，为此必须增加一个尾指针 r，使其始终指向当前链表的尾结点。因为每次将新结点插入到链表尾部，需加入一个指针 r 指向尾结点。

```
LNode * Creat_LinkList2()
{   Lnode * L=NULL;
    Lnode * s, * r=NULL;
    int x;/*设数据元素的类型为 int*/
    scanf("%d",&x);
    while (x!=flag)
    {   s=malloc(sizeof(LNode));s->data=x;
        if (L==NULL) L=s;/*第一个结点的处理*/
        else   r->next=s;/*其他结点的处理*/
        r=s;/*r 指向新的尾结点*/
        scanf("%d",&x);
    }
    if (r!=NULL)   r->next=NULL;/*对于非空表，最后结点的指针域放空指针*/
```

```
        return L;
    }
```

2）查找

从链表的第一个结点起，判断当前结点值是否等于 x，若是，则返回该结点的指针，否则继续后一个，直到表结束为止。若找不到，则返回空。

```
Lnode * Locate_LinkList(Lnode * L,datatype x)
{    Lnode * p=L;
     while (p!=NULL && p->data!=x)   p=p->next;
     return p;
}
```

3）删除

删除链表中第 i 个结点的基本过程如下所示：

步骤 1，定位第 $i-1$ 个结点，用指针 q 指向它，指针 p 指向被删除的结点 i。

步骤 2，摘链，断开 q 指向 p 的指针，转而指向 p 的下一个结点，即 q->link＝p->link。

步骤 3，释放 p 结点，即 free(p)。

删除 a_i 结点的过程如图 3.3 所示。

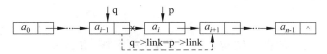

图 3.3　结点删除示意图

```
int Del_LinkList(Lnode * L,int i)
{    Lnode * p=L,* s;
     for (int j=1;j<=i-1;j++)  {  p=p->next;  }/* 查找第 i-1 个结点 */
     if (p==NULL){ printf("第 i-1 个结点不存在");return-1;}
     else {  if (p->next==NULL){  printf("第 i 个结点不存在");  return 0;}
            else {  s=p->next;/* s 指向第 i 个结点 */
                    p->next=s->next;/* 从链表中删除 */
                    free(s);/* 释放 * s */
                    return 1;
                  }
          }
}
```

4）插入

插入的结点可以在表头、表中或表尾进行。当插入结点在表头时，链表的头指针会发生变化，所以需要将头指针的地址作为函数的参数（即指向指针的指针）。

```
void insert_data(Lnode **pNode,int i)
{    Lnode * temp,* target,* p;
     int item,j=1;
```

```
        printf("输入要插入的结点值:");
        scanf("%d",&item);
        target= * pNode;
        for(j<i-1;target=target->next,++j);     //不断移动 target 位置,到要插入结
        点位置,
        temp=(Lnode * )malloc(sizeof(Lnode));    //申请内存空间
        temp->data=item;                         //存入要存入的数据位置
    p=target->next;  target->next=temp;temp->next=p;
}
```

3.3 栈

3.3.1 相关概念

栈是一种要求插入或删除操作都在表尾进行的线性表,具有先进后出的特性,即最先进入的元素最后被释放。栈的逻辑结构如图 3.4 所示。

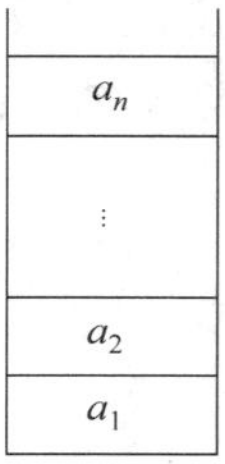

3.3.2 栈的存储

堆栈也有两种基本的存储结构:顺序存储(顺序栈)和链式存储(链式栈),下面依次进行介绍。

1. 顺序存储实现

a_n
⋮
a_2
a_1

图 3.4 栈的逻辑结构

顺序存储利用一组地址连续的存储单元依次存放堆栈中的数据元素,即用一个预设的足够长的一维数组存放。下标小的一端设为栈底,而大的一端设为栈顶,因为栈顶不停变化,所以设置一个指针 top 来动态指向栈顶(不是内存地址,是栈顶元素的下标)。top=-1 时表示空栈。

```
#define MAXSIZE 1024
typedef struct
{    datatype data[MAXSIZE];
     int top;    //指向栈顶
}SeqStack
```

1) 创建

首先定义一个指向顺序栈的指针 SeqStack * s,0 下标端设为栈底,这样空栈时栈顶指针置为-1。

```
SeqStack * Init_SeqStack()
{    SeqStack * s;              //定义一个指向顺序栈的指针
     s=malloc(sizeof(SeqStack));   //首先建立栈空间
     s->top=-1;                //置堆栈为空
```

```
    return s;                        //然后初始化栈顶指针
}
```

2）入栈

入栈时，新元素置于栈顶，栈顶随之加 1，即 s->top＋＋。因存储空间大小固定，入栈时需首先判是否栈满，即判断 s－＞top＝＝MAXSIZE-1 是否为真，不能入栈。栈满时入栈将出现空间溢出，这种现象称为上溢。

```
int Push_SeqStack(SeqStack * s,datatype x)
{  if (s->top==MAXSIZE-1) return 0;//栈满不能入栈
   else {   s->top++;   s->data[s->top]=x;   return 1;}
}
```

3）出栈

出栈时，栈顶指针减 1，即 s－＞top－－。出栈时需先判栈是否为空，为空时显然不能操作。栈空的条件 s－＞top＝＝－1。

```
int Pop_SeqStack(SeqStack * s,datatype * x)
{  if (s->top==-1)   return 0;     //栈空不能出栈
   else
   {  * x=s->data[s->top];
      s->top--;
      return 1;}                    //栈顶元素存入 * x,返回
}
```

2. 链式存储实现

链式结构实现的栈称为链栈，其结点结构与单链表相同。结点可定义为：

```
typedef struct node
{  datatype data;
   struct node * next;
}StackNode
```

使用带头结点的单链表或不带头结点的单链表都可以表示链栈，下面以不带头结点的单链表为例实现堆栈。图 3.5 给出了不使用头结点的链栈示意图。

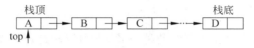

图 3.5　链栈示意图

在图 3.5 中，StackNode * top 为栈顶结点的地址，始终指向当前栈顶元素。若 top＝＝NULL，则表示空栈。入栈操作是在 top 所指结点之前插入新的结点。

```
StackNode * q=new StackNode (e,top);
          top=q;
```

出栈时候,不管堆栈在删除栈顶元素之后,栈是否为空,出栈操作都是将 top 后移。

```
top=top->next;
```

链栈基本操作的实现如下:

1)入栈

```
LinkStack Push_LinkStack(LinkStack top,datatype x)
{   StackNode * s;
    s=malloc(sizeof(StackNode));
    s->data=x;
    s->next=top;
    top=s;
    return top;
}
```

2)出栈

```
StackNodePop_LinkStack (StackNode * top,datatype * x)
{   StackNode * p;
    if (top==NULL) return NULL;
    else {   * x=top->data;
             p=top;  top=top->next;  free (p);
             return top;}
}
```

3.4 队列

3.4.1 概念

队列是只允许在一端进行插入,另一端只允许删除的线性表,具有先进先出的特性。队列的逻辑结构如图 3.6 所示。

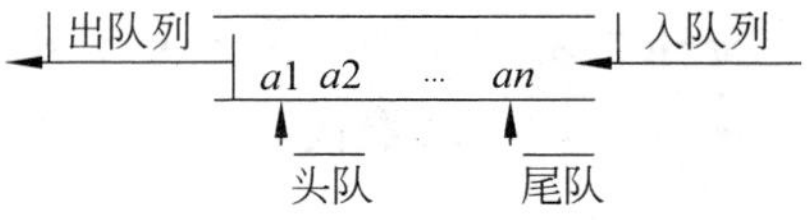

3.4.2 队列存储

图 3.6 队列示意图

队列存储有顺序存储和链式存储两种方式,下面依次进行介绍。

1. 顺序存储实现

顺序存储的队列称为顺序队,它用一段连续的空间存储数据。因为队头和队尾都是活动的,因此,除了队列的数据区外设置队头、队尾两个指针跟踪队列变化。队头指针指向队头元素前一个位置,队尾指针指向队尾元素。

```
#define MAXSIZE 1024/* 这里假设队列的最大容量1024 */
typedef struct
{   datatype data[MAXSIZE];/* 队员的存储空间 */
    int rear,front;/* 队头队尾指针 */
}SeQueue;
```

队列可通过定义一个指向队列的指针变量进行表示：

```
SeQueue * sq=malloc(sizeof(SeQueue));
```

置空队为：

```
sq->front=sq->rear=-1;
```

在不考虑溢出的情况下，入队操作队尾指针加1，指向新位置后，即：

```
sq->rear++;
sq->data[sq->rear]=x;/* 原队头元素送x中 */
```

在不考虑队空的情况下，出队操作队头指针加1，取出队头元素：

```
sq->front++;   x=sq->data[sq->front]
```

队中元素的个数为：

```
m=(sq->rear)-(q->front)
```

队满时：

```
m==MAXSIZE
```

队空时：

```
m=0
```

这种顺序存储方式将可能会发生"假溢出"。如图 3.7 所示，随着入队、出队的进行，整个队列整体向后移动，队尾指针已经移到了最后，仿佛队列已满，而事实上队列中并未真满，在队头前有空位置，称这种现象为"假溢出"。

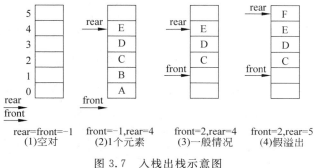

图 3.7 入栈出栈示意图

　　为了解决假溢出,将队列的数据区的头尾衔接,如图 3.8 所示,形成头尾相接的循环结构,此时队头前的空位置将可以被使用。但这样会出现"队满"和"队空"条件混淆的问题。

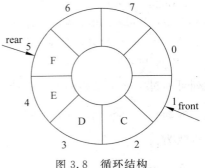

图 3.8　循环结构

　　在图 3.9 中,图 3.9(a)为队空情况下 front==rear;图 3.9(b)为队满情况下 front==rear。"队满"和"队空"的条件是相同的,将出现混淆。为解决该问题,其中一种方法是少用一个存储空间,如图 3.9(c)所示,此时队满的条件变为:

入队操作修改为:

```
sq->rear=(sq->rear+1)%MAXSIZE;
```

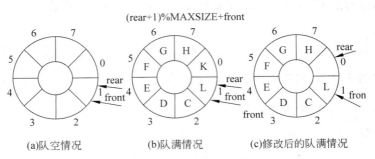

(a)队空情况　　　(b)队满情况　　　(c)修改后的队满情况

图 3.9　循环队列示意图

出队操作修改为:

```
sq->front=(sq->front+1)%MAXSIZE;
```

　　基于以上分析,循环队列数据类型定义不变,只是队列操作时的条件限制有所改变,循环队列的数据类型仍可定义为:

```
typedef struct
{  datatype data[MAXSIZE];/*数据的存储区*/
   int front,rear;/*队头队尾指针*/
}SeQueue;/*循环队*/
```

队列的基本操作如下:

　　1) 置空队

```
SeQueue * Init_SeQueue()
{  q=malloc(sizeof(SeQueue));
   q->front=q->rear;
   return q;
}
```

　　2) 入队

```
int In_SeQueue(SeQueue * q,datatype x)
```

```
{   if (num==MAXSIZE)
    {   printf("队满");
        return -1;/* 队满不能入队 */}
    else{   q->rear=(q->rear+1)%MAXSIZE;
            q->data[q->rear]=x;
            return 1;/* 入队完成 */}
}
```

3) 出队

```
int Out_SeQueue(SeQueue * q,datatype * x)
{    if (q->front=q->rear)
     {   printf("队空");
         return -1;/* 队空不能出队 */}
     else
     {   q->front=(q->front+1)%MAXSIZE;
         * x=q->data[q->front];/* 读出队头元素 */
         num--;
         return 1;/* 出队完成 */
     }
}
```

2. 链式存储实现

队列的链式表示称为链队列,它实际上是一个同时带有队头指针和队尾指针的单链表。头指针指向队头结点,尾指针指向队尾结点,即单链表的最后一个结点。

队列的链式存储如图3.10所示。

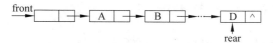

图 3.10　链栈结构示意图

头指针front和尾指针rear是两个独立的指针变量,指向队头和队尾的物理地址(不是下标),通常将二者封装在一个结构体中。链队的数据类型描述如下:

```
/* 链队结点的类型 */
typedef struct node
{    datatype data;
     struct node * next;
} QNode;
/* 将头尾指针封装在一起的链队 */
typedef struct
{    QNnode * front, * rear;
}LQueue;
```

定义一个指向链队的指针LQueue * q,建立的链队的过程如图3.11所示。

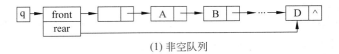

(1) 非空队列

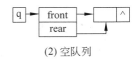

(2) 空队列

图 3.11　链队

链队的基本操作如下所示：

- 创建一个带头结点的空队。

当 Q. front＝＝NULL 且 Q. rear＝＝NULL 时,链式队列为空。

```
LQueue * Init_LQueue()
{   LQueue * q,* p;
    q=malloc(sizeof(LQueue));/* 申请头尾指针结点 * /
    p=malloc(sizeof(QNode));/* 申请链队头结点 * /
    p->next=NULL;q->front=q->rear=p;
    return q;
}
```

- 入队。

入队时,建立一个新结点,将新结点插入到链表的尾部,并改让 Q. rear 指向这个新插入的结点。

【链队列入队代码】

```
void In_LQueue(LQueue * q,datatype x)
{   QNode * p;
    p=malloc(sizeof(QNnode));/* 申请新结点 * /
    p->data=x;p->next=NULL;
    q->rear->next=p;
    q->rear=p;
}
```

- 出队。

出队时,首先判断队是否为空,若不空,则取出队头元素,将其从链表中摘除,并让 Q. front指向下一个结点。

【链队列出队代码】

```
int Out_LQueue(LQueue * q,datatype * x)
{   QNnode * p;
    if (Empty_LQueue(q))
    {   printf ("队空");return 0;/* 队空,出队失败 * /
    }
```

```
else
{ p=q->front->next;
  q->front->next=p->next;
  * x=p->data;/*队头元素放 x 中 * /
  free(p);
  if (q->front->next==NULL)
        q->rear=q->front;/ * 只有一个元素时,出队后队空,此时还要要修改队尾
    指针 * /
  return 1;}
}
```

3.5 树

3.5.1 相关概念

非线性结构是指至少存在一个数据元素有两个或两个以上的直接后继(或直接前驱)
的数据结构,例如树和图。树中的每个结点有唯一的直接前驱,
但可以有多个直接后继,而图中的每个结点可以有多个直接前
驱,也可以有多个直接后继。树通常用于描述一对多的逻辑关
系,而图通常用于描述多对多的逻辑关系。树的结构如图 3.12
所示。

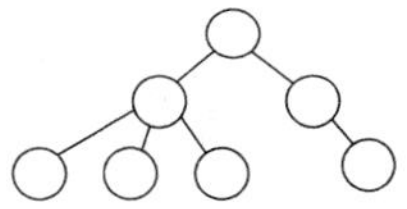

图 3.12   树的逻辑结构

为了简便起见,给树定义了下列相关术语:

- 结点(Node)——表示树中的数据元素,由数据项和数据元素之间的关系组成。
- 结点的度(Degree of Node)——结点拥有子树的个数。
- 树的度(Degree of Tree)——树中各结点度的最大值。
- 叶子结点(Leaf Node)——度为 0 的结点。
- 孩子(Child)——结点子树的根。
- 双亲(Parent)——结点的上层结点叫该结点的双亲。
- 兄弟(Brother)——同一双亲的孩子。
- 结点的层次(Level of Node)——从根结点到树中某结点所经路径上的分支数称
  为该结点的层次。根结点的层次规定为1,其余结点的层次等于其双亲结点的层
  次加 1。
- 树的深度(Depth of Tree)——树中结点的最大层次数。
- 无序树(Unordered Tree)——树中任意一个结点的各孩子结点之间的次序构成
  无关紧要的树。通常树指无序树。
- 有序树(Ordered Tree)——树中任意一个结点的各孩子结点有严格排列次序的
  树。二叉树是有序树,因为二叉树中每个孩子结点都确切定义为该结点的左孩子
  或者右孩子。
- 森林(Forest)——$m(m \geqslant 0)$棵树的集合。自然界中的树和森林的概念差别很大,

但在数据结构中树和森林的概念差别很小。从定义可知,一棵树由根结点和 m 个子树构成,若把树的根结点删除,则树变成了包含 m 棵树的森林。根据定义,一棵树也可以称为森林。

有一种最为重要的树是二叉树。所谓二叉树(Binary Tree),是一种有限元素的集合,该集合或者为空或者由一个称为根(root)的元素及两个不相交的左子树和右子树的二叉树组成(如图 3.13 所示)。

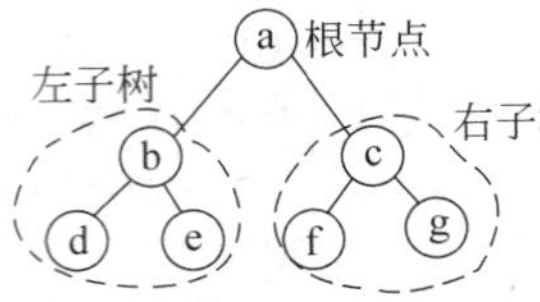

图 3.13 二叉树的逻辑结构

当集合为空时,称该二叉树为空二叉树。在非空情况下二叉树的左右子树是有序的,即若将其左、右子树颠倒,就成为另一棵不同的二叉树,即使树中结点只有一棵子树,也要区分它是左子树还是右子树。归纳来讲,二叉树具有四种基本形态(如图 3.14 所示),分别是空树、只有左子树、只有右子树、同时有左右子树。

(a)空树　　(b)只有左子树　　(b)只有右子树　　(d)同时有左右子树

图 3.14 二叉树的五种基本形态

在二叉树中,有两种较为特殊的二叉树。

- 满二叉树:在一棵二叉树中,如果所有分支结点都存在左子树和右子树,并且所有叶子结点都在同一层上,这样的一棵二叉树称作满二叉树。
- 完全二叉树。一棵深度为 k 的有 n 个结点的二叉树,对树中的结点按从上至下、从左到右的顺序进行编号,如果编号为 $i(1 \leqslant i \leqslant n)$ 的结点与满二叉树中编号为 i 的结点在二叉树中的位置相同,则这棵二叉树称为完全二叉树。在完全二叉树中,叶子结点只能出现在最下层和次下层,且最下层的叶子结点集中在树的左部。一棵满二叉树必定是一棵完全二叉树,而完全二叉树未必是满二叉树。

3.5.2 二叉树的性质

性质 1:二叉树第 i 层上的结点数目最多为 $2^{i-1}(i \geqslant 1)$。

【证明】 可用数学归纳法证明。

归纳基础:$i=1$ 时,有 $2^{i-1}=2^0=1$。因为第 1 层上只有一个根结点,所以命题成立。

归纳假设:假设对所有的 $j(1 \leqslant j < i)$ 命题成立,即第 j 层上至多有 2^{i-1} 个结点,证明 $j=i$ 时命题亦成立。

归纳步骤:根据归纳假设,第 $i-1$ 层上至多有 2^{i-2} 个结点。由于二叉树的每个结点至多有两个孩子,故第 i 层上的结点数至多是第 $i-1$ 层上的最大结点数的 2 倍。即 $j=i$ 时,该层上至多有 $2 \times 2^{i-2}=2^{i-1}$ 个结点,故命题成立。

性质 2：深度为 k 的二叉树至多有 2^k-1 个结点（$k\geqslant1$）。

【证明】 在具有相同深度的二叉树中，仅当每一层都含有最大结点数时，其树中结点数最多。因此利用性质 1 可得，深度为 k 的二叉树的结点数至多为：

$$2^0+2^1+\cdots+2^{k-1}=2^k-1$$

故命题正确。

性质 3：在任意一棵二叉树中，若终端结点的个数为 n_0，度为 2 的结点数为 n_2，则 $n_0=n_2+1$。

【证明】 因为二叉树中所有结点的度数均不大于 2，所以结点总数（记为 n）应等于 0 度。

结点数、1 度结点（记为 n_1）和 2 度结点数之和：

$n=n_0+n_1+n_2$（式子 1）

另一方面，1 度结点有一个孩子，2 度结点有两个孩子，故二叉树中孩子结点总数是：

n_1+2n_2

树中只有根结点不是任何结点的孩子，故二叉树中的结点总数又可表示为：

$n=n_1+2n_2+1$（式子 2）

由式子 1 和式子 2 得到：

$n_0=n_2+1$

3.5.3 二叉树存储

1. 顺序存储

二叉树的顺序存储是使用一维数组存储二叉树中的结点，如图 3.15 所示。通过结点的存储位置，也就是数组的下标体现结点之间的逻辑关系，比如双亲与孩子的关系、左右兄弟的关系等。

由于顺序存储会导致大量的空间浪费，例如一棵深度为 k 的右斜树，它只有 k 个结点，却需要分配 2^k-1 个存储单元空间，所以顺序存储结构往往只适用于完全二叉树。

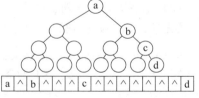

图 3.15 树的顺序存储

2. 链式存储

根据二叉树每个结点最多有两个孩子的特性，链式存储采用一个数据域和两个指针域的结点形式来存储二叉树。结点结构如图 3.16 所示，data 是数据域，lchild 和 rchild 分别是指向左孩子和右孩子的指针域。链式存储的二叉树又称为二叉链表。

| data | lchild | rchild |

图 3.16 二叉链表结点

用 C 语言描述二叉树结点如下：

```
typedef  int  DataType;
```

```
typedef struct BiTNode {
    DataType data;
    struct BiTNode * Lchild, * Rchild;//左、右孩子指针
    }
```

3.5.4 二叉树遍历

1. 遍历的类型

遍历是对树的所有结点进行访问且仅访问一次。按照访问时根结点出现的顺序,遍历分为先序遍历、中序遍历和后序遍历三种形式,遍历顺序如下:

前序遍历:根结点→左子树→右子树

中序遍历:左子树→根结点→右子树

后序遍历:左子树→右子树→根结点

【例 3.1】 以如图 3.17 所示的二叉树为例,各种遍历算法的结果为:

• 先序遍历 abdefgc;

• 中序遍历 debgfac;

• 后序遍历 edgfbca。

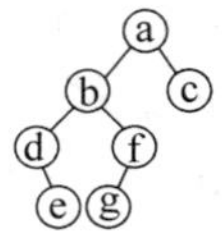

2. 遍历的递归实现

图 3.17 二叉树

1) 先序遍历

基本流程为:若二叉树为空,则空操作,否则,

(1) 访问根结点;

(2) 先序访问左子树;

(3) 先序访问右子树。

【先序遍历递归代码】

```
void  PreOrderTraverse(BNode * p)
{  if(p!=NULL)//若二叉树为空,则空操作
    {  printf("%c * ",p->data);//访问根结点
       PreOrderTraverse(p->lchild);//先序遍历左子树
       PreOrderTraverse(p->rchild);//先序遍历右子树}
    }
}
```

2) 中序遍历

基本流程为:若二叉树为空,则空操作,否则,

(1) 中序访问左子树;

(2) 访问根结点;

(3) 中序访问右子树。

【中序遍历递归代码】

```
void InOrderTraverse(BNode * p)
{  if(p!=NULL)
    {  InOrderTraverse(p->lchild);        //中序遍历左子树
       printf("%c * ",p->data);           //访问根结点
       InOrderTraverse(p->rchild);        //中序遍历右子树
    }
}
```

3) 后序遍历

基本流程为：若二叉树为空,则空操作,否则,

(1) 后序访问左子树;

(2) 后序访问右子树;

(3) 访问根结点。

【后序遍历递归代码】

```
void PostOrderTraverse(BNode * p)
{  if(p!=NULL)
    {  PostOrderTraverse(p->lchild);      //后序遍历左子树
       PostOrderTraverse(p->rchild);      //后序遍历右子树
       printf("%c * ",p->data);           //访问根结点
    }
}
```

3. 遍历的非递归实现

递归实现代码简洁且容易理解,但其开销比较大。采用非递归方法递归过程,将可以大大提高执行效率。下面依次介绍先序遍历、中序遍历和后序遍历的非递归实现。

1) 先序遍历

为了实现非递归遍历,需要借助于具有先进后出特性的栈这种数据结构。先序遍历先访问根结点,再访问左子树,后访问右子树,而对于每个子树来说,又按照同样的访问顺序进行遍历,具体步骤为:

步骤1,对于任一结点 P,访问结点 P,并将结点 P 入栈;

步骤2,判断结点 P 的左孩子是否为空,若为空,则取栈顶结点并进行出栈操作,并将栈顶结点的右孩子置为当前的结点 P,循环至步骤1;若不为空,则将 P 的左孩子置为当前的结点 P;

步骤3,直到 P 为 NULL 并且栈为空,则遍历结束。

【先序遍历非递归代码】

```
void NRPreOrder(BiTNode * bt)
{/ * 非递归先序遍历二叉树 * /
    BiTNode * stack[MAXNODE],p;
```

```
        int top;  /＊表示当前栈顶的位置＊/
    if (bt==NULL) return;
    top=0;
    p=bt;
    while(!(p==NULL&&top==0))
    { while(p!=NULL)
        { Visite(p->data);/＊访问结点的数据域＊/
            if (top<MAXNODE-1)/＊将当前指针 p 压栈＊/
            {  stack[top]=p;  top++;  }
            else {  printf("栈溢出");return;}
            p=p->lchild;/＊指针指向 p 的左孩子＊/
        }
        if (top<=0) return;/＊栈空时结束＊/
        else
        {  top--;
            p=stack[top];/＊从栈中弹出栈顶元素＊/
            p=p->rchild;/＊指针指向 p 的右孩子结点＊/
        }
    }
}
```

2）中序遍历

按照中序遍历的顺序，对于任一结点，首先访问左孩子，而左孩子结点又可以看作根结点，然后继续访问其左孩子结点，直到遇到左孩子结点为空的情况才进行访问，然后按相同的规则访问其右子树。处理过程如下所示：

步骤 1，对于任一结点 P，若其左孩子不为空，则将 P 入栈并将 P 的左孩子置为当前的 P，然后对当前结点 P 再进行相同的处理；

步骤 2，若其左孩子为空，则取栈顶元素并进行出栈操作，访问该栈顶结点，然后将当前的 P 置为栈顶结点的右孩子；

步骤 3，直到 P 为 NULL 并且栈为空则遍历结束。

【中序遍历非递归代码】

```
void NRInOrder(BiTNode ＊bt)
{  /＊非递归中序遍历二叉树＊/
    BiTNode ＊ stack[MAXNODE],p;
    int top;
    if (bt==NULL) return;
    top=0;
    p=bt;
    while(!(p==NULL&&top==0))
    { while(p!=NULL)
        {  if (top<MAXNODE-1)/＊将当前指针 p 压栈＊/
            {  stack[top]=p;  top++;  }
```

```
        else {   printf("栈溢出");return;}
        p=p->lchild;/*指针指向 p 的左孩子*/
      }
      if (top<=0) return;/*栈空时结束*/
      else
      {   top--;
        p=stack[top];/*从栈中弹出栈顶元素*/
        Visit(p->data);/*访问结点的数据域*/
        p=p->rchild;/*指针指向 p 的右孩子结点*/
      }
    }
  }
```

中序遍历的非递归算法的实现,只需将先序遍历的非递归算法中的 Visite(p—>data) 移到 p=stack[top]和 p=p—>rchild 之间即可。

3) 后序遍历

后序遍历与先序遍历和中序遍历不同,在后序遍历过程中,结点在第一次出栈后,还需再次入栈,也就是说,结点要入两次栈,出两次栈,而访问结点是在第二次出栈时访问。为了区别同一个结点指针的两次出栈,需设置一个标志 flag,即将栈中除存放数据元素外,还同时存放标志 flag,当结点指针出入栈时,其标志 flag 也同时出入栈。

$$flag = \begin{cases} 1,第一次出栈,结点不访问 \\ 2,第二次出栈,访问结点 \end{cases}$$

【后序遍历非递归代码】

```
typedef struct
{   BiTNode * link;
    int flag;
}stacktype;
void NRPostOrder(BiTNode * bt)
{   stacktype stack[MAXNODE];
    BiTNode * p;      /*指向当前要处理的结点*/
    int top;          /*表示当前栈顶的位置*/
    int sign;         /*表示结点 p 的标志量*/
    if (bt==NULL) return;
    top=-1/*栈顶位置初始化*/
    p=bt;
    while (!(p==NULL && top==-1))
    {   if (p!=NULL)/*结点第一次进栈*/
        {   top++;
            stack[top].link=p;
            stack[top].flag=1;
            p=p->lchild;/*找该结点的左孩子*/
        }
```

```
        else
        {    p=stack[top].link;
            sign=stack[top].flag;
            top--;
            if (sign==1)/*结点第二次进栈*/
            {    top++;
                stack[top].link=p;
                stack[top].flag=2;/*标记第二次出栈*/
                p=p->rchild;
            }
            else { Visit(p->data)};/*访问该结点数据域值*/
        }
    }
}
```

3.5.5 二叉树创建

二叉树的创建是在二叉树的遍历基础上实现的,在遍历过程中生成结点,建立二叉树。下面的算法是一个按照先序序列建立二叉树的过程,对如图 3.17 所示的二叉树,按次序读入数据 abcdf♯♯♯eg 可建立相应的二叉树。

【二叉树创建代码】

```
BiTNode * CreatBitTree()
{   BNode * p;
    char c;
    scanf("%c",&c);
    if(c=='#') p=NULL;//截止二叉树的建立
    else
    {   p=(BiTNode * ) malloc(sizeof(BiTNode));//申请结点空间
        p->data=c;//生成根结点
        p->lchild=CreatBitTree();//构造左子树
        p->rchild=CreatBitTree();//构造右子树
    }
    return  p;
}
```

3.6   图

3.6.1 相关概念

图是一种比线性表和树更为复杂的数据结构。图在交通规划、电路设计、互联网分析等领域都有着广泛的应用。在树形结构中,数据元素之间有着明显的层次关系,每一层上的数据元素可能和下一层中多个元素(孩子)相关,但只能和上一层中一个元素相关;而在图形结构中(如图 3.18 所示),结点之间的关系可以是任意的,任意两个数据元素之间都可能相关。

图 G 由两个集合 V 和 E 组成,可记为:

$$G = (V, E)$$

其中 V 是顶点的有穷非空集合,E 是 V 中顶点偶对(称为边)的有穷集。图 3.17 中顶点集 $V(G) = \{a, b, c, d, e\}$,关系集
$E(G) = \{<a,b>, <a,e>, <b,c>, <c,d>, <d,a>, <d,b>, <e,c>\}$。

3.6.2 图的存储

图的存储有邻接矩阵、邻接表和十字链表等多种实现。

1. 邻接矩阵

邻接矩阵(Adjacency Matrix)用一维数组存储图的顶点信息,用矩阵表示图中各顶点之间的邻接关系。对于 n 个顶点的无向图,其邻接矩阵是一个 $n \times n$ 的方阵,定义为:

$$A[i][j] = \begin{cases} 1, & <v_i, v_j> \in E \\ 0, & \text{其他} \end{cases}$$

【例 3.2】 以如图 3.19 所示的无向图为例,其邻接矩阵为:

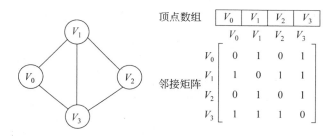

图 3.19　邻接矩阵

对于 n 个顶点的有向图,其邻接矩阵是一个 $n \times n$ 的方阵,定义为:

$$A[i][j] = \begin{cases} 1, & <v_i, v_j> \in E \\ \infty, & \text{其他} \\ 0, & i == j \end{cases}$$

【例 3.3】 以如图 3.20 所示的有向图为例,其邻接矩阵为:
对于加权图,用 w_{ij} 表示边 $<v_i, v_j>$ 的权值。如果边不存在,则在矩阵中赋 ∞ 值,其邻接矩阵为:

$$A[i][j] = \begin{cases} w_{ij}, & <v_i, v_j> \in E \\ \infty, & \text{其他} \end{cases}$$

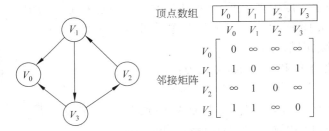

图 3.20　有向图的邻接矩阵

【例 3.4】　以如图 3.21 所示的代权图为例,其邻接矩阵为:

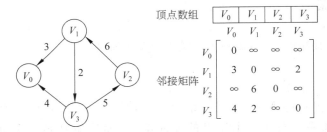

图 3.21　加权有向图的邻接矩阵

　　无向图的邻接矩阵是对称阵,而有向图的邻接矩阵不一定是对称阵。邻接矩阵在用 C 语言实现时,除表示顶点间相邻关系的邻接矩阵以及存储顶点信息的数组外,还需要两个变量表示顶点数和边数。

【邻接矩阵代码】

```
#define MaxVertexNum 100/*最大顶点数设为100*/
typedef struct
{ char vexs[MaxVertexNum];/*顶点*/
    int edges[MaxVertexNum][MaxVertexNum];/*邻接矩阵*/
    int n,e;/*顶点数和边数*/
}Mgragh;
```

　　邻接矩阵的创建过程比较容易理解,首先输入图的大小,即顶点数与边数,然后依次输入定点与边的信息,填充邻接矩阵元素值。

【邻接矩阵创建代码】

```
void CreateMGraph(MGraph *G)
{ int i,j,k,w;
    char ch;
    printf("请输入顶点数和边数(输入格式为:顶点数,边数):\n");
    scanf("%d,%d",&(G->n),&(G->e));/*输入顶点数和边数*/
    printf("请输入顶点信息(输入格式为:顶点号<CR>):\n");
    for (i=0;i<G->n;i++)  scanf("\n%c",&(G->vexs[i]));/*输入顶点信息,建立顶点表*/
    for (i=0;i<G->n;i++)
```

```
    for (j=0;j<G->n;j++)  G->edges[i][j]=0;/*初始化邻接矩阵*/
        printf("请输入每条边对应的两个顶点的序号(输入格式为:i,j):\n");
    for (k=0;k<G->e;k++)
    { scanf("\n%d,%d",&i,&j);/*输入 e 条边,建立邻接矩阵*/
        G->edges[i][j]=1;/*若加入 G->edges[j][i]=1;}
    }
```

邻接矩阵具有以下特点:

- 无向图邻接矩阵是一个对称矩阵。因此,只需存放上(或下)三角矩阵元素即可。
- 无向图邻接矩阵的第 i 行(或第 i 列)非零元素(或非 ∞ 元素)个数是第 i 个顶点的度。
- 有向图邻接矩阵的第 i 行(或第 i 列)非零元素(或非 ∞ 元素)个数是顶点 i 的出度(或入度)。
- 邻接矩阵很容易确定顶点间是否相连,但要确定有多少条边,必须按行或按列扫描,时间代价很大,这是邻接矩阵的局限性。

2. 邻接表

邻接表一种顺序存储与链式存储相结合的方法。对于图 G 中的每个顶点 v_i,将所有邻接于 v_i 的顶点 v_j 链成一个单链表,这个单链表称为顶点 v_i 的邻接表,再将所有点的邻接表的表头放入到数组中,就构成了图的邻接表。由此可见,邻接表需要两种结点结构:一种是顶点表的结点结构(如图 3.22(a)所示),它由顶点域(vertex)和指向表头的指针域(firstedge)构成,另一种是邻接表结点(如图 3.22(b)所示),它由邻接点域(adjvex)和指向下一个邻接点的指针域(next)构成。对于加权图,需再增设一个存储权值的域(weight)(如图 3.22(c)所示)。

图 3.22　邻接表结点

加权图的邻接表如图 3.23 所示。

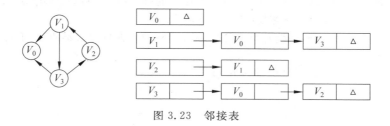

图 3.23　邻接表

【邻接表代码】

```
#define MaxVerNum 100/*最大顶点数为 100*/
```

```
typedef struct node
{   /*边表结点*/
    int adjvex;/*邻接点域*/
    struct node * next;/*指向下一个邻接点的指针域*/
}EdgeNode;

typedef struct vnode
{   /*顶点表结点*/
    VertexType vertex;/*顶点域*/
    EdgeNode * firstedge;/*边表头指针*/
}VertexNode;

typedef VertexNode AdjList[MaxVertexNum];/*AdjList 是邻接表类型*/
typedef struct
{   AdjList adjlist;/*邻接表*/
    int n,e;/*顶点数和边数*/
}ALGraph;/*ALGraph 是以邻接表方式存储的图类型*/

/*建立一个有向图的邻接表存储:*/
void CreateALGraph(ALGraph * G)
{   /*建立有向图的邻接表存储*/
    int i,j,k;
    EdgeNode * s;
    printf("请输入顶点数和边数(输入格式为:顶点数,边数):\n");
    scanf("%d,%d",&(G->n),&(G->e));/*读入顶点数和边数*/
    printf("请输入顶点信息(输入格式为:顶点号<CR>):\n");
    for (i=0;i<G->n;i++)/*建立有 n 个顶点的顶点表*/
    {   scanf("\n%c",&(G->adjlist[i].vertex));/*读入顶点信息*/
        G->adjlist[i].firstedge=NULL;/*顶点的边表头指针设为空*/
    }
    printf("请输入边的信息(输入格式为:i,j):\n");
    for (k=0;k<G->e;k++)/*建立边表*/
    {   scanf("\n%d,%d",&i,&j);/*读入边<Vi,Vj>的顶点对应的序号*/
        s=(EdgeNode *)malloc(sizeof(EdgeNode));/*生成新边表结点 s*/
        s->adjvex=j;/*邻接点序号为 j*/
        s->next=G->adjlist[i].firstedge;/*将新边表结点 s 插到顶点 Vi 边表
        头部*/
        G->adjlist[i].firstedge=s;
    }
}
```

3. 十字链表

对有向图而言,邻接表也有缺点。例如,入度计算必须遍历整个图。反之,逆邻接表解决了入度问题却又面临出度问题。十字链表将邻接表与逆邻接表结合,能够同时解决入度和出度计算问题。

十字链表顶点表结点如图 3.24 所示。

其中 Firstin 表示入边表头指针,指向该顶点的入边表中的一个结点,Firstout 表示出边表头指针,指向该顶点的出边表中的第一个结点。

十字链表边表结点结构如图 3.25 所示。

顶点值域	指针域	指针域
Data	Firstin	Firstout

图 3.24　十字链表顶点表结点结构

弧尾结点	弧头结点	指针域	指针域
Tailvex	Headvex	Hlink	Tlink

图 3.25　十字链表边表结点结构

其中 Tailvex 和 Headvex 分别表示弧尾和弧头在顶点表中的下标,Hlink 是入边表指针域,指向终点相同的下一条边,Tlink 是出边表指针域,指向起点相同的下一条边。如果是加权图,还可以增加 weight 域来存储权重。

弧头相同的弧在同一链表上,弧尾相同的弧也在同一链表上。它们的头结点即为顶点结点,它由三个域组成,其中 vertex 域存储和顶点相关的信息,如顶点的名称等;firstin 和 firstout 为两个链域,分别指向以该顶点为弧头或弧尾的第一个弧结点。若将有向图的邻接矩阵看成是稀疏矩阵的话,则十字链表也可以看成是邻接矩阵的链表存储结构,在图的十字链表中,弧结点所在的链表非循环链表,结点之间相对位置自然形成,不一定按顶点序号排序,表头结点即顶点结点,它们之间而是顺序存储。

【例 3.5】　如图 3.26 所示,图的结点依次存入一维数组,实线箭头与邻接表完全相同,虚箭头就是此图的逆邻接表的表示。对于结点 v_0 来说,它有两个从顶点 v_1 和 v_2 来的入边。因此 v_0 的 firstin 指向顶点 v_1 的边表结点中 hvex 为 0 的结点,如图 3.26 中①所示,接着有入边结点的 hlink 指向下一个入边顶点 v_2,如图 3.26 中②所示。

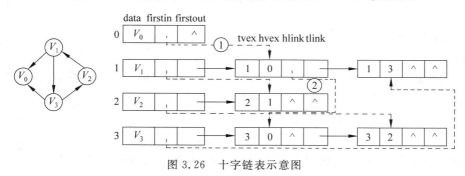

图 3.26　十字链表示意图

【十字链表代码】

```
#define MAX_VERTEX_NUM 20
typedef struct ArcBox
{   int tailvex,headvex;/*该弧的尾和头顶点的位置*/
    struct ArcBox * hlink,tlink;/*分别为弧头相同和弧尾相财的弧的链域*/
    InfoType info;/*该弧相关信息的指针*/
```

```
}ArcBox;
typedef struct VexNode
{ VertexType vertex:
    ArcBox fisrin,firstout;/*分别指向该顶点第一条入弧和出弧*/
}VexNode;
typedef struct
{ VexNode xlist[MAX_VERTEX_NUM];/*表头向量*/
    int vexnum,arcnum;/*有向图的顶点数和弧数*/
}OLGraph;
void CreateDG(LOGraph**G)
{ scanf(&(*G->brcnum),&(*G->arcnum),&IncInfo);
    for(i=0;i<*G->vexnum;++i)/*构造表头向量*/
    {   scanf(&(G->xlist[i].vertex));/*输入顶点值*/
        *G->xlist[i].firstin=NulL;*G->xlist[i].firstout=NULL;/*初始化指针*/
    }
    for(k=0;k<G.arcnum;++k)/*输入各弧并构造十字链表*/
    {   scanf(&v1,&v2);/*输入一条弧的始点和终点*/
        i=LocateVex(*G,v1);j=LocateVex(*G,v2);/*确定v1和v2在G中位置*/
        p=(ArcBox*)malloc(sizeof(ArcBox));/*假定有足够空间*/
        *p={i,j,*G->xlist[j].fistin,*G->xlist[i].firstout,NULL}/*对弧结
        点赋值*/
        *G->xlist[j].fisrtin=*G->xlist[i].firstout=p;/*完成在入弧和出弧链
        头的插入*/
        if(IncInfo)Input(p->info);/*若弧含有相关信息,则输入*/
    }
}
```

3.6.3 图的遍历

从图中某个顶点出发访遍图中其余顶点且仅访问一次的过程称为图的遍历。图的遍历有两种方式:深度优先遍历和广度优先遍历。

1. 深度优先遍历

深度优先遍历类似于树的先根遍历,是树的先根遍历的推广。假设初始状态是图中所有顶点未曾被访问,则深度优先遍历可从图中某个顶点 v 出发,访问此顶点,然后依次从 v 的未被访问的邻接点出发深度优先遍历图,直至图中所有和 v 有路径相通的顶点都被访问到;若此时图中尚有顶点未被访问,则另选图中一个未曾被访问的顶点作起始点,重复上述过程,直至图中所有顶点都被访问到为止。显然,这是一个递归的过程。为了在遍历过程中便于区分顶点是否已被访问,需附设访问标志数组 visited[0:n−1],其初值为 FALSE,一旦某个顶点被访问,则其相应的分量置为 TRUE。

【例3.6】 以图3.27中的无向图 G 为例,来对深度优先搜索进行说明。

【解析】 对图 3.27 进行深度优先遍历过程,从顶点 A 开始,如图 3.28 所示。

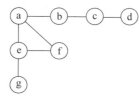

图 3.27　无向图 G

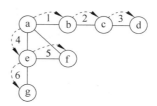

图 3.28　深度优先遍历

深度优先遍历的详细步骤如下所示:

第 1 步,访问 a。

第 2 步,访问 a 的邻接点 b。在第 1 步访问 a 之后,接下来应该访问的是 a 的邻接点,即 e、f、b 中的一个。假设顶点 abcdefg 是按照顺序存储,b 在 e 和 f 的前面,因此先访问 b。

第 3 步,访问 b 的邻接点 c。

第 4 步,访问 c 的邻接点 d。

第 5 步,访问 a 的邻接点 e。d 没有未被访问的邻接点,回溯到 c 和 b,也没有未被访问的邻接点,回到 a,访问 a 的邻接点 e 和 f 中的一个(b 已经被访问),e 在 f 前,先访问 e。

第 6 步,访问 e 的邻接点 f。e 有两个未被访问的邻接点 g 和 f,f 在前,先访问 f。

第 7 步,访问 e 的邻接点 g。f 没有未被访问的邻接点,回溯到 e,访问 e 的另外一个未被访问的另结点 g。

因此访问顺序是:

a->b->c->d->e->f->g

显然,这是一个递归的过程。为了在遍历过程中便于区分顶点是否已被访问,需附设访问标志数组 visited[0:n-1],其初值为 FALSE,一旦某个顶点被访问,则其相应的分量置为 TRUE。

【深度优先遍历代码】

```
void DFS(Graph G,int v)
{    /* 从第 v 个顶点出发递归地深度优先遍历图 G * /
     visited[v]=TRUE;Visit(v);/*访问第 v 个顶点 * /
     for(w=FisrAdjVex(G,v);w;w=NextAdjVex(G,v,w))
     if (!visited[w]) DFS(G,w);/* 对 v 的尚未访问的邻接顶点 w 递归调用 DFS * /
}
```

2. 广度优先遍历

广度优先遍历类似于树的按层次遍历的过程。假设从图中某顶点 v 出发,在访问了 v 之后依次访问 v 的各个未曾访问过和邻接点,然后分别从这些邻接点出发依次访问它们的邻接点,并使"先被访问的顶点的邻接点"先于"后被访问的顶点的邻接点"被访问,直至图中所有已被访问的顶点的邻接点都被访问到。若此时图中尚有顶点未被访问,则另选图中一个未曾被访问的顶点作起始点,重复上述过程,直至图中所有顶点都被访问到为止。换句话说,广度优先搜索遍历图的过程中以 v 为起始点,由近至远,依次访问和 v 有路径相通的顶点。和深度优先搜索类似,在遍历的过程中也需要一个访问标志数组。并且为了顺次访问路径长度为 2、3、……的顶点,需附设队列以存储已被访问的路径长度为1、2、……的顶点。

【例 3.7】 下面以图 3.27 中的无向图 G 为例,来对广度优先搜索进行说明。

【解析】 对图 3.27 进行广度优先遍历过程,从顶点 a 开始,如图 3.29 所示。

广度优先遍历的详细步骤如下所示:

第 1 步,访问 a。

第 2 步,依次访问 b、e、f。在访问了 a 之后,接下来访问 a 的邻接点。前面已经说过,假设顶点 $abcdefg$ 按照顺序存储的,因此访问顺序为 b、e、f。

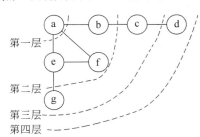
图 3.29 广度优先遍历

第 3 步,依次访问 c、g。在第 2 步访问完 b、e、f 之后,再依次访问它们的邻接点。首先访问 b 的邻接点 c,再访问 e 的邻接点 f。

第 4 步,访问 d。在第 3 步访问完 c、g 之后,再依次访问它们的邻接点。只有 c 有邻接点 d,因此访问 c 的邻接点 d。

因此访问顺序是:

$$a \rightarrow b \rightarrow e \rightarrow f \rightarrow c \rightarrow g \rightarrow d$$

和深度优先搜索类似,在遍历的过程中也需要一个访问标志数组。并且为了顺次访问路径长度为 2、3、……的顶点,需附设队列以存储已被访问的路径长度为 1、2、……的顶点。

【广度优先遍历代码】

```
void BFSTraverse(Graph G,Status(*Visit)(int v)
{/*按广度优先非递归遍历图 G。使用辅助队列 Q 和访问标志数组 visited*/
    for (v=0;v<G,vexnum;++v)
    visited[v]=FALSE
    InitQueue(Q);/*置空的国债队列 Q*/
    if (!visited[v])/*v 尚未访问*/
    {    EnQucue(Q,v);/*v 入队列*/
         while (!QueueEmpty(Q))
         {  DeQueue(Q,u);/*队头元素出队并置为 u*/
            visited[u]=TRUE;visit(u);/*访问 u*/
         for(w=FistAdjVex(G,u);w;w=NextAdjVex(G,u,w))
         if (!visited[w]) EnQueue(Q,w);/*u 的尚未访问的邻接顶点 w 入队列 Q*/
         }
         }
    }
}
```

3.6.4 最小生成树

构造连通图的最小代价生成树称为最小生成树。最小生成树实现算法：克鲁斯卡尔（Kruskal）算法和普里姆（Prim）算法。

1. 克鲁斯卡尔（Kruskal）算法

设无向连通图为 $G=(V,E)$，令 G 的最小生成树为 $T=(U,TE)$，其初态为 $U=V$，$TE=\{\ \}$，然后，按照边的权值由小到大的顺序，考查 G 的边集 E 中的各条边。若被考查的边的两个顶点属于 T 的两个不同的连通分量，则将此边作为最小生成树的边加入到 T 中，同时把两个连通分量连接为一个连通分量；若被考查边的两个顶点属于同一个连通分量，则舍去此边，以免造成回路，如此下去，当 T 中的连通分量个数为 1 时，此连通分量便为 G 的一棵最小生成树。

如图 3.30 所示，图 3.30(a) 按照克鲁斯卡尔算法构造最小生成树的过程如图 3.30(b) 到图 3.30(f) 所示。在构造过程中，按照图中边的权值由小到大的顺序，不断选取当前未被选取的边集中权值最小的边。依据生成树的概念，n 个结点的生成树，有 $n-1$ 条边，故反复上述过程，直到选取了 $n-1$ 条边为止，就构成了一棵最小生成树。

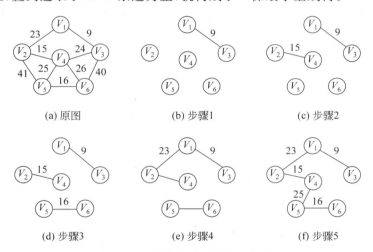

图 3.30 克鲁斯卡尔算法示意图

【克鲁斯卡尔算法代码】

```
#define MAXEDGE      /*图中的最大边数*/
typedef struct
{   int v1;int v2;
    int cost;
}EdgeType;
/*用克鲁斯卡尔方法构造有 n 个顶点的图的最小生成树*/
```

```
void Kruskal(EdgeType edges[],int n)
{   int father[MAXEDGE];
    int i,j,vf1,vf2;
    for (i=0;i<n;i++) father[i]=-1;
    i=0;  j=0;
    while(i<MAXEDGE && j<n-1)
    {   vf1=Find(father,edges[i].v1);  vf2=Find(father,edges[i].v2);
        if (vf1!=vf2)
        {   father[vf2]=vf1;
            j++;
            printf("%3d%3d\n",edges[i].v1,edges[i].v2);}
        i++;}}
}
int Find(int father[],int v)/* 寻找顶点 v 所在树的根 father 结点 */
{   int t;  t=v;
    while (father[t]>=0)  t=father[t];
    return(t);
}
```

在克鲁斯卡尔算法中,第二个 while 循环是影响时间效率的主要操作,其循环次数最多为 MAXEDGE 次数,其内部调用的 Find 函数的内部循环次数最多为 n,所以克鲁斯卡尔算法的时间复杂度为 $O(n * \text{MAXEDGE})$。

2. 普里姆(Prim)算法

假设图 $G=(V, E)$ 中 V 为图中所有顶点的集合,E 为网图中所有边的集合。设置两个新集合 U 和 T,其中集合 U 存放 G 的最小生成树的顶点,集合 T 存放 G 的最小生成树中的边。令集合 U 的初值为 $U=\{v_1\}$(假设构造最小生成树时,从顶点 v_1 出发),集合 T 的初值为 $T=\{\}$。从所有 $u \in U, v \in V-U$ 的边中,选取具有最小权值的边 (u,v),将顶点 v 加入集合 U 中,将边 (u,v) 加入集合 T 中,如此不断重复,直到 $U=V$ 时,最小生成树构造完毕,这时集合 T 中包含了最小生成树的所有边。图 3.31 展示的是从顶点 v_1 出发,最小生成树的生成过程:图(a)→图(b)→图(c)→图(d)→图(e)→图(f)。

普里姆算法可用下述过程描述。

步骤 1,算法从 $U=\{v_1\}(v_1 \in V), T=\{\}$ 开始。

步骤 2,在所有 $u \in U, v \in V-U$ 的边 $(u,v) \in E$ 中找一条代价最小的边 (u,v)。

步骤 3,(u,v) 并入集合 T,同时 v 并入 U。

步骤 4,重复步骤 2 和步骤 3,直到 $U=V$ 为止。此时 T 中必有 $n-1$ 条边,则 (V,T) 为 N 的最小生成树。

为实现这个算法需要附设一个辅助数组 closedge,记录从 U 到 $V-U$ 具有最小代价的边,对每个顶点 $v_i \in V-U$,在辅助数组中存在一个相应分量 closedge$[i-1]$,它包括两个域,其中 lowcost 存储该边上的权。显然,closedge$[i-1]$. lowcost $= \min\{\text{cost}(u,v_i) \mid u \in U\}$。用普里姆方法建立有 n 个顶点的邻接矩阵存储结构的图 G 的最小生成树代码如

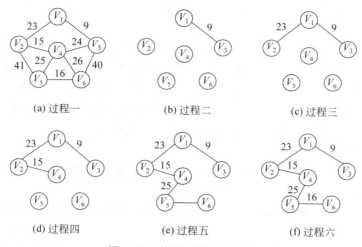

图 3.31 普里姆算法示意图

下所示,建立的最小生成树存于数组 closevertex 中。

【普里姆算法代码】

```
void Prim(int G[][MAXNODE],int n,int closevertex[])
{   int lowcost[100], mincost;
int i,j,k;
for (i=1; i<n; i++) { lowcost[i]=G[0][i]; closevertex[i]=0;}
lowcost[0]=0; /* 从序号为 0 的顶点出发生成最小生成树* /
closevertex[0]=0;
for (i=1;i<n;i++) /* 寻找当前最小权值的边的顶点* /
{   mincost=MAXCOST; /* MAXCOST 为一个极大的常量值* /
  j=1; k=1;
  while (j<n)
  {   if (lowcost[j]<mincost && lowcost[j]! =0)
    {   mincost=lowcost[j]; k=j; }
    j++;
  }
  printf ("顶点的序号=%d 边的权值=%d\n",k,mincost);
  lowcost[k]=0;
  for (j=1;j<n;j++) /* 修改其他顶点的边的权值和最小生成树顶点序号* /
  if (G[k][j]<lowcost[j])
  { lowcost[j]=G[k][j];  closevertex[j]=k; }}
}
```

3.6.5 最短路径

最短路径是指两个顶点(源点到终点)之间经过的边上权值之和最小的路径。下面介绍两种计算最短路径算法:迪杰斯特拉(Djikstra)算法和弗洛伊德(Floyd)算法。

1. 迪杰斯特拉算法

迪杰斯特拉算法并非一下子求出起始点到结束点的最短路径，而是一步步求出它们之间顶点的最短路径，即基于已经求出的最短路径，逐步求得更远顶点的最短路径，最终达到目的。通过迪杰斯特拉算法计算图 G 中的最短路径时，需要引进两个集合 S 和 U。其中，集合 S 用于存放已求出最短路径的顶点（以及相应的最短路径长度），集合 U 用于存放还未求出最短路径的顶点（以及该顶点到起点的距离）。

迪杰斯特拉算法具体步骤如下：

步骤 1，初始时，S 只包含起点 s；U 包含除 s 外的其他顶点，且 U 中顶点的距离为起点 s 到该顶点的距离，若 s 和 v 不相邻，则距离为∞。

步骤 2，从 U 中选出距离最短的顶点 k，并将顶点 k 加入到 S 中；同时，从 U 中移除顶点 k。

步骤 3，更新 U 中各个顶点到起点 s 的距离。之所以更新 U 中顶点的距离，是由于上一步中确定了 k 是求出最短路径的顶点，从而借助中间定点后的距离可能小于两顶点的直接距离，即 $(s,k)+(k,v)$ 可能小于 (s,v)。

步骤 4，重复步骤步骤 2 和步骤 3，直到遍历完所有顶点。

图 3.32　带权图 G

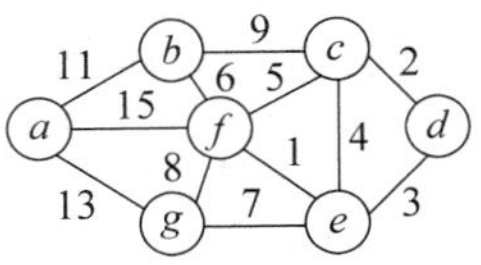

【例 3.8】　以图 3.32 中带权图 G 为例，实现迪杰斯特拉算法。

【解析】　以顶点 d 为起点，迪杰斯特拉算法执行过程如图 3.33所示。

(a) 第1步　(b) 第2步　(c) 第3步　(d) 第4步

(e) 第5步　(f) 第6步　(g) 第7步

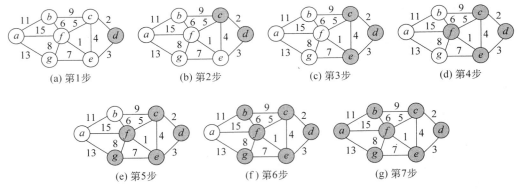

图 3.33　迪杰斯特拉算法执行过程

第 1 步，如图 3.33(a)所示。

$S=\{d(0)\}$

$U=\{a(\infty),b(\infty),c(3),e(4),f(\infty),g(\infty)\}$

第 2 步，如图 3.33(b)所示。

选取顶点 c

$S=\{d(0),c(3)\}$

$U=\{a(\infty),b(\infty),e(4),f(\infty),g(\infty)\}$

第 3 步,如图 3.33(c)所示。

选取顶点 e

$S = \{d(0), c(3), e(4)\}$

$U = \{a(\infty), b(13), f(6), g(12)\}$

第 4 步,如图 3.33(d)所示。

选取顶点 f

$S = \{d(0), c(3), e(4), f(6)\}$

$U = \{a(22), b(13), g(12)\}$

第 5 步,如图 3.33(e)所示。

选取顶点 g

$S = \{d(0), c(3), e(4), f(6), g(12)\}$

$U = \{a(22), b(13)\}$

第 6 步,如图 3.33(f)所示。

选取顶点 b

$S = \{d(0), c(3), e(4), f(6), g(12), b(13)\}$

$U = \{a(22)\}$

第 7 步,如图 3.33(g)所示。

选取顶点 a

$S = \{d(0), c(3), e(4), f(6), g(12), b(13), a(22)\}$

以邻接矩阵为例对迪杰斯特拉算法如下:

【迪杰斯特拉算法代码】

```
void dijkstra(Graph G,int vs,int prev[],int dist[])
{   int i,j,k,min,tmp;
    int flag[MAX];          //flag[i]=1 表示"顶点 vs"到"顶点 i"的最短路径已成功获取。
    for (i=0;i<G.vexnum;i++)
    {   flag[i]=0;          //顶点 i 的最短路径还没获取到。
        prev[i]=0;          //顶点 i 的前驱顶点为 0。
        dist[i]=G.matrix[vs][i];//顶点 i 的最短路径为"顶点 vs"到"顶点 i"的权。
    }
    flag[vs]=1;    dist[vs]=0;
    //遍历 G.vexnum-1 次;每次找出一个顶点的最短路径。
    for (i=1;i<G.vexnum;i++)
    {   //寻找当前最小的路径;
        //即,在未获取最短路径的顶点中,找到离 vs 最近的顶点(k)。
        min=INF;
        for (j=0;j<G.vexnum;j++)
        {   if (flag[j]==0 && dist[j]<min)
            {   min=dist[j];   k=j;   }
        }
        //标记"顶点 k"为已经获取到最短路径
```

```
flag[k]=1;
//修正当前最短路径和前驱顶点,当已经"顶点 k 的最短路径"之后,
//更新"未获取最短路径的顶点的最短路径和前驱顶点"。
for (j=0;j<G.vexnum;j++)
{   tmp=(G.matrix[k][j]==INF? INF:(min+G.matrix[k][j]));//防止溢出
    if (flag[j]==0 && (tmp  <dist[j]))
    {  dist[j]=tmp;  prev[j]=k;  }
}
}
printf("dijkstra(%c): \n",G.vexs[vs]);
for (i=0;i<G.vexnum;i++) printf("shortest(%c,%c)=%d\n",G.vexs[vs],G.vexs
[i],dist[i]);
}
```

2. 弗洛伊德算法

迪杰特斯拉算法是计算一个结点到其他顶点的最短路径,而弗洛伊德算法是一次求出任意两点间的最短路径。

弗洛伊德算法的基本思想如下所示:以计算 v_i 到 v_j 的最短路径为例,如果从 v_i 到 v_j 有边,则从 v_i 到 v_j 存在一条长度为 w_{ij} 的路径,但该路径不一定最短,假如在此路径上增加一个结点 v_0,如果 (vi, v_0, v_j) 存在,且 (v_i, v_j) 大于 (v_i, v_0, v_j) 的路径长度,则 (v_i, v_0, v_j) 为 v_i 到 v_j 间的最短路径;假如再增加一个顶点 v_1,如果 (v_i, v_0, v_1, v_j) 小于 (v_i, v_0, v_j),则 (v_i, v_0, v_1, v_j) 为 v_i 到 v_j 的最短路径;以此类推,在经过 n 次比较,便可获得从 v_i 到 v_j 的最短路径。

以矩阵 P 存储结点之间最短路径,以矩阵 D 存储对应的距离,以 $P^{(k)}$ 和 $D^{(k)}$ 分别存储考虑经过第 k 次比较后的结果,则上面的迭代过程可归纳为:

$$\begin{cases} \boldsymbol{D}_{i,j}^{(0)} = w_{i,j}, k = 0 \\ \boldsymbol{D}_{i,j}^{(k)} = \mathrm{Min}\{\boldsymbol{D}_{i,j}^{(k-1)}, \boldsymbol{D}_{i,k}^{(k-1)} + \boldsymbol{D}_{k,j}^{(k-1)}\}, 1 \leqslant k \leqslant n \end{cases}$$

$$\begin{cases} \boldsymbol{P}_{i,j}^{(0)} = (i,j), k = 0 \\ \boldsymbol{P}_{i,j}^{(k)} = \boldsymbol{P}_{i,k}^{(k-1)} \oplus \boldsymbol{P}_{k,j}^{(k-1)} (\boldsymbol{D}_{i,j}^{(k-1)} > \boldsymbol{D}_{i,k}^{(k-1)} + \boldsymbol{D}_{k,j}^{(k-1)}, 1 \leqslant k \leqslant n) \end{cases}$$

其中 $\oplus$ 表示路径拼接,例如 $(v_i, v_0) \oplus (v_0, v_j) = (v_i, v_0, v_j)$,当比较 n 次后,$\boldsymbol{P}_{i,j}^{(n)}$ 和 $\boldsymbol{D}_{i,j}^{(n)}$ 就是从 v_i 到 v_j 的最终最短路径和长度。

【例3.9】 以如图 3.34 所示的有向图为例,图 3.35 展示了弗洛伊德算法的执行流程,随着中间结点的不断加入,最短路径 P 和路径长度 D 的动态变化情况。

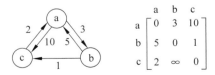

图 3.34　有向图及其邻接矩阵

$$
\boldsymbol{D}^{(0)}=\begin{bmatrix} 0 & 3 & 10 \\ 5 & 0 & 1 \\ 2 & \infty & 0 \end{bmatrix} \quad
\boldsymbol{D}^{(1)}=\begin{bmatrix} 0 & 3 & 10 \\ 5 & 0 & 1 \\ 2 & 5 & 0 \end{bmatrix} \quad
\boldsymbol{D}^{(2)}=\begin{bmatrix} 0 & 3 & 4 \\ 5 & 0 & 1 \\ 2 & \infty & 0 \end{bmatrix} \quad
\boldsymbol{D}^{(3)}=\begin{bmatrix} 0 & 3 & 4 \\ 3 & 0 & 1 \\ 2 & 5 & 0 \end{bmatrix}
$$

$$
\boldsymbol{P}^{(0)}=\begin{bmatrix} & ab & ac \\ ba & & bc \\ ca & \end{bmatrix} \quad
\boldsymbol{P}^{(1)}=\begin{bmatrix} & ab & ac \\ ba & & bc \\ ca & & cab \end{bmatrix} \quad
\boldsymbol{P}^{(2)}=\begin{bmatrix} & ab & abc \\ ba & & bc \\ ca & & cab \end{bmatrix} \quad
\boldsymbol{P}^{(3)}=\begin{bmatrix} & ab & abc \\ bca & & bc \\ ca & & cab \end{bmatrix}
$$

图 3.35　算法执行时数组 $\boldsymbol{D}$ 和 $\boldsymbol{P}$ 取值的变化

经过多次比较，最终获得了所有结点间的最短路径矩阵 $\boldsymbol{P}^{(3)}$ 及长度矩阵 $\boldsymbol{D}^{(3)}$，从 $\boldsymbol{P}^{(3)}$ 和 $D^{(3)}$ 便可获得任意两结点的最短路径，例如结点 a 与 c（在矩阵的第一行第三列）的最短路径为 $\boldsymbol{P}_{1,3}^{(3)}=(a,b,c)$，其长度为 $\boldsymbol{D}_{1,3}^{(3)}=4$。

【弗洛伊德算法代码】

```
void ShortestPath_2 (Mgraph G,PathMatrix * P[],DistancMatrix * D)
{ /*用 Floyd 算法求有向网 G 中各对顶点 v 和 w 之间的最短路径 P[v][w]及其带权长度 D
[v][w]。*/
/*若 P[v][w][u]为 TRUE,则 u 是从 v 到 w 当前求得的最短路径上的顶点*/
for(v=0;v<G.vexnum;++v)/*各对顶点之间初始已知路径及距离*/
for(w=0;w<G,vexnum;++w)
{   D[v][w]=G.arcs[v][w];
    for(u=0;u<G,vexnum;++u)   P[v][w][u]=FALSE;
    if (D[v][w]<INFINITY){P[v][w][v]=TRUE;}/*从 v 到 w 有直接路径*/
}
for(u=0;u<G.vexnum;++u)
    for(v=0;v<G.vexnum;++v)
        for(w=0;w<G.vexnum;++w)
            if (D[v][u]+D[u][w]<D[v][w])/*从 v 经 u 到 w 的一条路径更短*/
            {   D[v][w]=D[v][u]+D[u][w];
                for(i=0;i<G.vexnum;++i)   P[v][w][i]=P[v][u][i]||P[u][w][i];
            }
}
```

3.7　习题

1. 试分别以不同的存储结构实现线性表的就地逆置算法，即在原表的存储空间将线性表 $(a_1,a_2,\cdots,a_n)$ 逆置为 $(a_n,a_{n-1},\cdots,a_1)$。

（1）以一维数组作存储结构。

（2）以单链表作存储结构。

2. 已知二叉树的中序和后序遍历序列如下,试构造该二叉树。

中序：$A\ C\ B\ D\ H\ G\ E\ F$

后序：$A\ B\ C\ D\ E\ F\ G\ H$

3．设二叉树采用二叉链表法存储,试编写一个求二叉树高度的算法。

4．判断循环队列是否"满",能有哪些两种方法？请说明。

5．设 L 为有序顺序表,试编写一个算法删除 L 中的重复元素。要求不要另开辟数据存储空间。

6．设数组 a 存储了 N 个整数,试完善下列对数组 a 进行堆排序的算法。

```
void HeapAdjust(int a[],int h,int s)
{   temp=a[h];
  for  (j=_____;  j<=s;    j*=2)
  {  if ((j<s)&&(a[j]>a[j+1]))   ++j;
    if (temp<=a[j])  break;
    _____;   h=j;
  }
  _____;
}
void  HeapSort(int a[],int n)
//对 a[1],a[2],…;a[n]进行堆排序//
{   for (i=_____;  i>0;  --i)
  HeapAdjust (a,i,n);
  for  (i=_____;  i>1;  --i)
  {  t=a[1];  a[1]=a[i];  a[i]=t;
    _____;
  }
}
```

7．设采用邻接表作为有向图的存储结构,试编写算法：计算有向图中每个顶点的出度和入度。

第4章 查找与排序

查找和排序是两种最广泛应用的数据处理方法。本章首先详细介绍顺序查找、折半查找与分块查找等查找的方法；其次，介绍插入类、交换类、选择类和归并类等排序方法；最后，从时间性能、空间性能等方面对排序法进行了总结。

4.1 查找

查找，也称检索，是从数据记录中找到符合某个给定条件的数据记录。查找的方法大致可分为顺序查找、折半查找与分块查找等几种类型。

4.1.1 顺序查找

顺序查找是一种简单的查找方法，其基本思想是从表的一端开始，顺序扫描线性表，依次将结点元素值与给定的关键字 key 相比较，若结点元素值与 key 相等，则查找成功；若扫描完所有结点，仍未找到等于 key 的结点，则查找失败。

【例 4.1】 图 4.1 展示的是序列(1,2,5,7,8,11,14,20)的顺序查找过程，其中图 4.1(a)是查找关键字 14 成功的情况，图 4.1(b)是未找到关键字 15 的情况。

【顺序查找代码】

```
int Seqsch(int a[],int n,int key)
{    int i;
     for (i=0;i<n;i++)
     {  if (a[i]==key)  break;}
     if (i<n)  return i;
     else  return -1;
}
```

顺序查找算法容易理解，对表的结构无任何要求，无论是用顺序存储还是用链表存储，也无论结点之间是否按关键字排序，都同样适用；但缺点是效率较低，复杂度高，时间复杂度为 $O(n)$，当 n 较大时不宜采用。

4.1.2 折半查找

折半查找的前提是线性表$(a_0,a_1,\cdots,a_{n-1})$已经按照从小到大的顺序排列。设要查找元素的关键字为 key，首先将查找范围的下限设为 low=0，上限为 high=$n-1$，其中点为 $m=\lfloor(low+high)/2\rfloor$，中点元素记为 a_m。用 key 与中点元素 a_m 比较，若 key=a_m，该

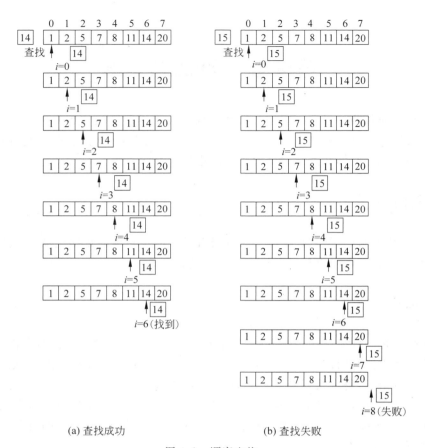

(a) 查找成功   (b) 查找失败

图 4.1   顺序查找

元素正为要找的元素,查找停止;否则,若 key$>a_m$,则替换下限 low＝(mid＋1),到下半段继续查找;若 key$<a_m$,则替换上限 high＝mid－1,到上半段继续查找;依此循环,直至找到元素或 low$>$high 为止,low$>$high 时说明此元素未找到。

【例 4.2】   序列(1,2,5,7,8,11,14,20)的折半查找过程如图 4.2 所示,其中图 4.2(a)是查找关键字 14 的成功的情况,图 4.2(b)是未找到关键字 15 的情况。

【折半查找代码】

```
binarySearch(int a[],int n,int key)
{    int low=0;int high=n-1;
     while (low<=high)
     {  int mid=(low+high)/2;
        if(a[mid]<key)   low=mid+1;
        else if(a[mid]>key)  high=mid-1;
        else return mid;}
     return -1;
}
```

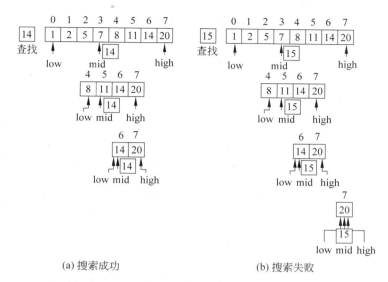

(a) 搜索成功   (b) 搜索失败

图 4.2 折半查找

每执行一次 while 循环,搜索空间减少一半。在最坏的情况下,while 循环被执行 $O(\log n)$ 次。循环体内运算需要执行 $O(1)$ 次,因此整个算法的计算时间复杂度为 $O(\log n)$。

4.1.3 分块查找

分块查找是顺序查找和折半查找的一种结合,性能介于顺序查找和折半查找之间,但无须像折半查找那样需要表中数据有序。设将数据 $(a_0, a_1, \cdots, a_{n-1})$ 均分为 B 块,则前 $B-1$ 块中结点个数为 $s = \lceil n/b \rceil$,第 B 块的结点数为 $n - (B-1) \times s$。每一块中的数据无须有序,但要求"分块有序",即前一块中的最大数据必须小于后一块中的最小数据。为此,构造一个索引表 index[1..B],每个元素 index[i]($0 \le i \le B-1$)中存放第 i 块的最大关键字 key 和该块的起始位置 start 及结束位置 end,如图 4.3 所示。由索引确定记录所在的块,在块内进行查找。可见,分块查找的过程是一个逐步缩小搜索空间的过程。

图 4.3 分块查找示意图

【分块查找代码】

```c
#include<stdio.h>
#define BLOCK 5
typedef struct ind
{    int max;    //对应块中的最大值
```

```
        int start;    //索引表中对应块的起始位置
        int end;      //对应块中结束的位置
    }ind;
    ind index[BLOCK];
    void createBlock(int a[],int n)
    {   int i,j=0,k,m=0;
        int s=n/BLOCK;//每块的大小
        for(i=0;i<BLOCK;i++)
        {   //前BLOCK-1块的大小一致,都是s
            if(i<BLOCK-1){index[i].start=j;index[i].end=j+s-1;j+=s;}
            else {index[i].start=j;index[i].end=n-1;}//最后一块
            for(k=index[i].start;k<=index[i].end;k++)//把每个块中的最大值放到索引表
            中去
            {   m=a[k];
                if(a[k+1]>m)   {m=a[k+1];}
            }
            index[i].max=m;//每一次循环都把这个块中的最大值放到索引表中
        }
    }
    int blockSearch(int key,int a[],int n)//两个参数,要查找的关键字和存放数据的数组
    {   int i=0,j;//i用于在索引表中定位块,j用于定位其对应块的起始位置
        while (i<BLOCK && key>index[i].max)   {i++;}
        if(i==BLOCK) {return -1;}//所以表中索引都不符合要求,返回
        j=index[i].start;//找到对应块,把该块的起始位置给j
        while(j<=index[i].end && a[j] !=key)   {j++;}
        if(j>index[i].end)   {j=-1;}//没有找到
        return j;
    }
    void main()
    {   int k;
        int a[]={20,11,15,6,3,33,42,38,24,47,58,74,49,80,59 };
        createBlock(a,15);//构造一个分块查找表
        k=blockSearch(58,a);
        if(k!=-1)   printf("%d",k);
        else printf("-------Not find-------");
    }
```

4.2 排序

排序是将一组无序的记录调整为有序记录。排序有升序(从小到大)和降序(从大到小)两种。排序的过程是一个逐步扩大记录的有序序列长度的过程,如图4.4所示。

排序方法大致可分为插入类、交换类、选择类和归并类等几种类型。

图4.4 排序示意图

4.2.1 插入类

插入类排序将无序子序列中的一个或几个记录插
入到有序序列中,从而增加记录的有序子序列的长度,又可细分为直接插入排序和折半插
入排序。

1. 直接插入排序

直接插入排序每次将一个待排序的记录按其关键字大小插入到前面已经排好序的子
序列中的适当位置,直到全部记录插入完成为止。

设给定数组 $a[0 \cdots n-1]$,直接插入排序的过程如下:

步骤 1,初始时,$a[0]$ 自成 1 个有序区,无序区为 $a[1..n-1]$;

步骤 2,令 $i=1$,将 $a[i]$ 并入当前的有序区 $a[0 \cdots i-1]$ 中形成 $a[0 \cdots i]$ 的有序区间;

步骤 3,$i++$ 并重复步骤 2 直到 $i=n-1$,排序完成。

【直接插入排序代码】

```
void InsertSort(int a[],int n)
{
    int i,j,k;
    for(i=1;i<n;i++)//第 0 个元素被认为已经有序,从第 1 个元素开始
    {
        for(j=i-1;j>=0;j--)
        {
            if(a[j]<a[i]) break;//与有序序列中的元素进行比较
        }
        if(j!=i-1)//如果 j==i-1,说明当前元素的位置恰巧在有序序列之尾,无须移动
        {
            int temp=a[i];
            for(k=i-1;k>j;k--)  a[k+1]=a[k];//元素依次后移
            a[k+1]=temp;
        }
    }
}
```

2. 折半插入排序

折半插入排序是对插入排序算法的一种改进,由于插入算法中前半部分为已排好序
的序列,因此可以引入折半查找方法来加快寻找插入位置的速度。

折半插入排序的算法执行流程如下所示:

步骤 1,将有序区域首元素位置设为 low,末元素位置设为 high;

步骤 2,将待插入元素 k 与 $a[m]$ 比较,其中 $m=$(low+high)/2 表示中间位置。如果

$k>a[m]$,则选择 $a[\text{low}]$ 到 $a[m-1]$ 为新的插入区域(即 high$=m-1$);否则,选择 $a[m+1]$ 到 $a[\text{high}]$ 为新的插入区域(即 low$=m+1$);

步骤 3,重复执行直至 low$>$high;将 high$+1$ 作为插入位置,此位置后所有元素后移一位,并将新元素插入 $a[\text{high}+1]$。

【折半插入排序代码】

```
void BinaryInsertSort(int a[],int n)
{  int low,high,m;
   for (int i=1;i<n;i++)//第 0 个元素被认为已经有序,从第 1 个元素开始
   {  low=0;high=i-1;//折半查找
      while(low<=high)
      {  m=(low+high)/2;
         if (a[m]>a[i])  high=m-1;
         else   low=m+1;
      }
      if(high+1!=i-1)
      {  int temp=a[i];
         for(int k=i-1;k>=high+1;k--)  a[k+1]=a[k];
         a[k+1]=temp;
      }
   }
}
```

折半插入排序算法比直接插入算法明显减少了关键字比较次数,因此速度比直接插入排序算法有效,但插入时记录移动次数不变。折半插入排序算法的时间复杂度仍然为 $O(n^2)$,与直接插入排序算法相同。

3. 希尔排序

希尔排序插入排序的另一个改进。插入排序在对几乎已经排好序的数据操作时,效率高,复杂度可降到 $O(n)$;但插入排序每次只能将数据移动一位,效率较低。为此,希尔排序采用大跨步间隔比较方式让记录跳跃式接近它的排序位置。

希尔排序的基本流程如下所示:

步骤 1,先取一个正整数 $d_1(d_1<n)$ 作为步长,把全部记录分成 d_1 组,所有距离为 d_1 的倍数的记录看作一组,然后在各组内进行插入排序;

步骤 2,取更小的步长 $d_2(d_2<d_1)$,重复上述分组和排序操作,直到取 $d_i=1(i>=1)$ 为止,即所有记录成为一个组;

步骤 3,最后对这个组进行插入排序。

步长的选法一般为 d_1 约为 $n/2$,d_2 为 $d_1/2$,d_3 为 $d_2/2,\cdots,d_i=1$。

【例 4.3】 给定序列(11,9,84,32,92,26,58,91,35,27,46,28,75,29,37,12),步长设为 $d_1=5$、$d_2=3$、$d_3=1$,希尔排序过程如下:

第一轮以步长 $d_1=5$ 开始分组,分组情况如下(每列代表一组):

11,9,84,32,92

26,58,91,35,27

46,28,75,29,37

12

对每组进行排序：

11,9,75,29,27

12,28,84,32,37

26,58,91,35,92

46

将排序结果拼接在一起(11,9,75,29,27,12,28,84,32,37,26,58,91,35,92,46)，然后再以 3 为步长进行分组：

11,9,75

29,27,12

28,84,32

37,26,58

91,35,92

46

对每组进行排序：

11,9,12

28,26,32

29,27,58

37,35,75

46,84,92

91

将排序结果拼接在一起(11,9,12,28,26,32,29,27,58,37,35,75,46,84,92,91)，最后以 1 步长进行排序(此时就是简单地插入排序了)，最终排序结果为：

(9,11,12,26,27,28,29,32,35,37,46,58,75,84,92,91)

【希尔排序代码】

```
void ShellSort(int a[],int n)
{  int i,j,k,temp,gap;
   for (gap=n/2;gap>0;gap/=2)           //步长的选取
   {  for (i=0;i<gap;i++)               //直接插入排序原理
      {    for (j=i+gap;j<n;j+=gap)     //每次加上步长,即按列排序
           if (a[j]<a[j-gap])
           {    temp=a[j];
                k=j-gap;
                while (k>=0 && a[k]>temp)  //记录后移,查找插入位置
                {  a[k+gap]=a[k];
                   k-=gap;
```

```
        }
        a[k+gap]=temp;                    //找到位置插入
      }
    }
  }
}
```

4.2.2　交换类

交换类排序的基本思想是：通过交换无序序列中的记录得到其中关键字最小或最大的记录，并将其加入到有序子序列中，最终形成有序序列。

交换类排序可分为冒泡排序和快速排序等。

1. 冒泡排序

基本思想：两两比较待排序记录的关键字，发现两个记录的次序相反时即进行交换，直到没有反序的记录为止。因为元素会经由交换慢慢浮到序列顶端，故称之为冒泡排序。

冒泡排序的基本步骤为：

步骤 1，比较相邻的前后两个数据，如果前面数据大于后面的数据，则将两个数据交换；

步骤 2，这样对数组的第 0 个数据到 $n-1$ 个数据进行一次遍历后，最大的一个数据就移到数组第 $n-1$ 个位置。

步骤 3，$n \leftarrow n-1$，如果 n 不为 0 就重复前面两个步骤，否则排序完成。

【冒泡排序代码】

```
void bubblesort(int a[],int n)
{ int temp=0;int flag=0;
  for(int i=0;i<n-1;i++)
  { flag=0;
    for(int j=n-1;j>i;j--)
    { if(a[j]<a[j-1])
      { temp=a[j];
        a[j]=a[j-1];
        a[j-1]=temp;
        flag=1;
      }
    }
    if (flag==0)    break;
  }
}
```

冒泡排序所需的比较次数和记录移动次数的最小值为 $n-1$ 和 0。冒泡排序最低时间复杂度为 $O(n)$。最坏需要进行 $n-1$ 趟排序，每趟排序要进行 $n-i$ 次关键字的比较

$(1 \leq i \leq n-1)$,且每次比较都必须移动记录三次来达到交换记录位置,在这种情况下,比较和移动次数均达到最大值 $O(n(n-1)/2)=O(n^2)$ 和 $O(n^2)$,冒泡排序的最坏时间复杂度为 $O(n^2)$。综上,冒泡排序总的平均时间复杂度为 $O(n^2)$。

2. 快速排序

快速排序采用分而治之(Divide and Conquer)的策略将问题分解成若干个较小的子问题,采用相同的方法一一解决后,再将子问题的结果整合成最终答案。快速排序的每一轮处理其实就是将这一轮的基准数定位,直到所有的数都排序完成为止。

快速排序法的基本步骤为:

步骤1,选定一个基准值(通常可选第一个元素);

步骤2,将比基准值小的数值移到基准值左边,形成左子序列;

步骤3,将比基准值大的数值移到基准值右边,形成右子序列;

步骤4,分别对左子序列、右子序列执行以上三步(递归),直到左子序列或右子序列只剩一个数值或没有数值位置。

【**例 4.4**】 对 $a=(48,36,61,99,81,14,30)$ 进行快速排序。

选定基准值 $\text{key}=a[0]=48$,初始状态:$i=0,j=6,\text{key}=a[0]=48$,如图 4.5 所示。

第一次交换:从右向左找到 $a[j]<\text{key}$ 的值 $j=6$,从左向右找到 $a[i]>\text{key}$ 的值 $i=2$,$a[j]$ 和 $a[i]$ 两者交换,如图 4.6 所示。

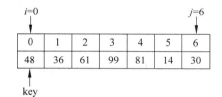

图 4.5 初始状态

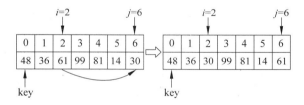

图 4.6 第一次交换

第二次交换:从右向左找到 $a[j]<\text{key}$ 的值 $j=5$;从左向右找到 $a[i]>\text{key}$ 的值 $i=2$,$a[j]$ 和 $a[i]$ 两者交换,如图 4.7 所示。

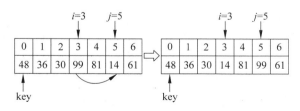

图 4.7 第二次交换

第三次交换:从右向左找到 $a[j]<\text{key}$ 的值 $j=3$,此时 i 和 j 相遇了,都走到 $i=j=3$ 这个位置,此时探测结束,将基准数 48 和 14 进行交换,如图 4.8 所示。

至此,第一轮探测结束。此时以基准数 48 为分界点,48 左边的数都小于等于 48,48 右边的数都大于等于 48,现在基准数 48 已经归位。采用同样的方法分别处理左右两个

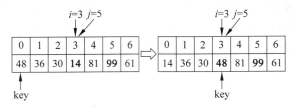

图 4.8　第三次交换

序列。

左边的序列是"14,36,30"。此时 14 左边没有数据,只有右边有数据,且都比 14 大,说明 14 已经归位。接下来需要处理 14 右边的序列"36,30",处理完毕之后的序列为"30,36",到此 30 已经归位。36 左边无序列,右边序列"36"只有一个数,也不需要进行任何处理,最后得到的左边序列为:

14,30,36

右边序列"81,99,61"也模拟刚才的过程,最终将会得到这样的序列:

61,81,99

至此,排序完全结束。综合可得排序后的序列为:

14,30,36,48,61,81,99

【快速排序代码】

```
quickSort (int a[],int left,int right)
{   if(left<right)
    {   i=left,j=right;
        while(true)
        {   while(i+1<n && a[++i]<a[left]);
            while(j-1>-1 && a[--j]>a[left]);
            if(i>=j)  break;
            swap(a,i,j);                    //交换 a[i]与 a[j]
        }
        swap(a,left,j);
        quickSort(data,left,j-1);           //对左子串列进行快速排序
        quickSort(data,j+1,right);          //对右子串列进行快速排序
    }
};
```

快速排序的最差时间复杂度和冒泡排序是一样的,都是 $O(n^2)$,它的平均时间复杂度为 $O(n\log n)$。

4.2.3　选择类

选择类排序的基本思想是从记录的无序子序列中选择关键字最小或最大的记录,并将它加入到有序子序列中,最终获得有序序列。选择类排序又可分为简单选择排序、树形

选择排序和堆排序。

1. 简单选择排序

简单选择排序的基本思想：给定一组无序数据 $a[0,\cdots,n-1]$，第一次从 $a[0]\sim a[n-1]$ 中选取最小值与 $a[0]$ 交换，第二次从 $a[1]\sim a[n-1]$ 中选取最小值与 $a[1]$ 交换，……，第 i 次从 $a[i-1]\sim a[n-1]$ 中选取最小值与 $a[i-1]$ 交换，……，第 $n-1$ 次从 $a[n-2]\sim a[n-1]$ 中选取最小值与 $a[n-2]$ 交换，总共通过 $n-1$ 次，得到一个从小到大排列的有序序列。

【例 4.5】 给定序列 $(5,2,1,8,3,4,6,7)$，直接选择排序的过程如下所示。

第一次交换：当 $i=0$ 时，$a[i]=5$，min=2，交换 $a[\min]$ 与 $a[i]$ 的值。这样便找到了第一个位置的关键字，如图 4.9 所示。

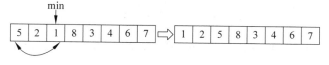

图 4.9 第一次交换

第二次交换：当 $i=1$ 时，$a[i]=2$，min=1，交换 $a[\min]$ 与 $a[i]$ 的值。这样便找到了第 2 个位置的关键字，如图 4.10 所示。

图 4.10 第二次交换

第三次交换：当 $i=2$ 时，$a[i]=5$，min=4，交换 $a[\min]$ 与 $a[i]$ 的值，这样便找到了第三个位置的关键字，如图 4.11 所示。

图 4.11 第三次交换

第四次交换：当 $i=3$ 时，$a[i]=8$，min=5，交换 $a[\min]$ 与 $a[i]$ 的值，这样就找到了第四个位置的关键字，如图 4.12 所示。

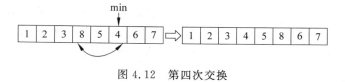

图 4.12 第四次交换

第五次交换：当 $i=4$ 时，$a[i]=5$，min=4，交换 $a[\min]$ 与 $a[i]$ 的值，这样就找到了第

五个位置的关键字,如图 4.13 所示。

图 4.13　第五次交换

第六次交换:当 $i=5$ 时,$a[i]=8$,min$=6$,交换 $a[\text{min}]$ 与 $a[i]$ 的值,这样就找到了第六个位置的关键字,如图 4.14 所示。

图 4.14　第六次交换

第七次交换:当 $i=6$ 时,$a[i]=8$,min$=7$,交换 $a[\text{min}]$ 与 $a[i]$ 的值,这样就找到了第七个位置的关键字,如图 4.15 所示。

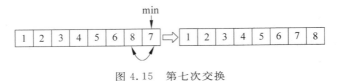

图 4.15　第七次交换

循环结束,排序完成,最终结果为:$(1,2,3,4,5,6,7,8)$。

【简单选择排序代码】

```
void SelectSort(int a[],int n)
{    int i,j,min;
     for(i=1;i<n;i++)
     {  min=i;                      /* 将当前下标定义为最小值下标 */
        for (j=i+1;j<=n;j++)        /* 循环之后的数据 */
        {  if (a[min]>a[j])         /* 如果有小于当前最小值的关键字 */
               min=j;               /* 将此关键字的下标赋值给 min */
        }
        if(i!=min)                  /* 若 min 不等于 i,说明找到最小值,交换 */
            swap(a,i,min);          /* 交换 L->r[i]与 L->r[min]的值 */
     }
}
```

简单选择排序第 i 趟排序需要进行 $n-i$ 次比较,而对于交换次数,最好的时候为 0 次,最差的时候交换次数为 $n-1$ 次,基于最终比较与交换次数,总的时间复杂度为 $O(n^2)$。尽管与冒泡排序相同,但简单选择排序的性能还是要略优于冒泡排序。

2. 树形选择排序

基本思想:首先对 n 个记录进行两两比较,然后优胜者之间再进行两两比较,如此重复,直至选出最小关键字的记录为止。这个过程可以用一棵有 n 个叶子结点的完全二叉树表示。根结点即为叶子结点中的最小值。在输出最小值后,根据关系的可传递性,欲选出次小值,仅需将叶子结点中的最小值改为最大值(如∞),然后从该叶子结点开始,和其左(右)兄弟的关键字进行比较,修改从叶子结点到根的路径上各结点的值,则根结点的值即为次小值。

【例 4.6】 给定序列 $(5,2,1,8,3,4,6,7)$,树形选择排序的过程如下。

步骤 1,从叶结点开始结点两两比较,胜者作为父结点;胜者之间再两两比较,直到根结点,产生第一名 1,如图 4.16 所示。

步骤 2,将第一名 1 去掉(用∞替换 1),用同样的方法调整树结构,产生第二名 2,如图 4.17 所示。

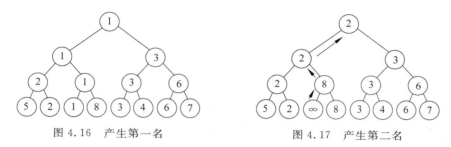

图 4.16　产生第一名　　　　　　　图 4.17　产生第二名

步骤 3,以此类推,直到各名次结点产生,完成排序。

【树形选择排序代码】

```
#define MAX_VALUE 100000
void treeSelectSort(int[] a,int n)
{   int treeSize=2*n-1;                    //完全二叉树的结点数
    int low=0;
    int[] tree=new int[treeSize];          //临时的树存储空间
    //由后向前填充此树,索引从 0 开始
    //填充叶子结点
    for(int i=n-1,j=0;i>=0;--i,j++)
    {   tree[treeSize-1-j]=a[i];}
    //填充非终端结点
    for(int i=treeSize-1;i>0;i-=2)
    {   tree[(i-1)/2]=tree[i-1]<tree[i]? tree[i-1]:tree[i];}
    //不断移走最小结点
    int minIndex;
    while(low<n)
    {   int min=tree[0];                   //最小值
        a[low++]=min;
        minIndex=treeSize-1;
        //找到最小值的索引
        while(tree[minIndex]!=min){   minIndex--;}
        tree[minIndex]=MAX_VALUE;          //设置一个最大值标志
```

```
                    //找到其兄弟结点
while(minIndex>0)                    //如果其还有父结点
{    if(minIndex%2==0)               //如果是右结点
    {   tree[(minIndex-1)/2]=tree[minIndex-1]<tree[minIndex]? tree
    [minIndex-1]:tree[minIndex];
        minIndex=(minIndex-1)/2;
    }
    else
    {    //如果是左结点
        tree[minIndex/2] = tree[minIndex] < tree[minIndex + 1]? tree
    [minIndex]:tree[minIndex+1];
        minIndex=minIndex/2;
    }
  }
}
```

在树形选择排序中,除了第一个最小的关键字,其余最小关键字都是走了一条由叶子结点到跟结点的比较过程,由于含有 n 个叶子结点的完全二叉树的深度为 $\log 2n+1$,因此在树形选择排序中,每选出一个较小关键字需要进行 $\log 2n$ 次比较,所以其时间复杂度是 $O(n\log 2n)$。与简单选择排序算法相比,降低了比较次数的数量级,但需增加 $n-1$ 个额外的存储空间存放中间比较结果。

3. 堆排序

在堆排序之前,首先说明一下堆的概念。堆可分为最大堆和最小堆,堆是一种特殊的完全二叉树,最大堆中最大元素出现在根结点(堆顶),而且父结点的值大于等于孩子结点。最小堆中最小元素出现在根结点(堆顶),而父结点的值小于等于其孩子结点。堆排序基本思想是:将待排序的数组构造成一个最大堆,从而获得数组的最大元素,即当前的根结点。将其移走之后,再把剩余的 $n-1$ 个元素重新构造成一个最大堆。反复执行直到剩余数只有一个为止,最后得到一个有序序列。

堆排序基本流程如下:

步骤 1,构建最大堆。初始时把序列看作是一棵顺序存储的全二叉树,在起始数组为 0 的情形下,结点 i 的左子结点在位置 $(2\times i+1)$,右子结点为 $(2\times i+2)$;子结点 i 的父结点在位置 $\lfloor(i-1)/2\rfloor$。调整它们的顺序,使之成为一个最大(小)堆。过程为:找到最后一个非终端结点 $\lfloor n/2\rfloor$,与它的左右子结点比较,将根结点与左、右孩子中较小(或大)的进行交换。按此过程将其余非叶子结点 $\lfloor n/2\rfloor-1,\lfloor n/2\rfloor-2,\cdots,1$ 分别调成堆。

步骤 2,先输出堆顶元素,然后,将堆底元素送入堆顶,堆被破坏,其原因仅是根结点不满足堆的性质。将根结点与左、右孩子中较小(或大)的进行交换。若与左子女交换,则左子树堆被破坏,且仅左子树的根结点不满足堆的性质;若与右子女交换,则右子树堆被破坏,且仅右子树的根结点不满足堆的性质。继续对不满足堆性质的子树进行上述交换操作,直到叶子结点完成调整。

步骤 3,反复执行步骤 2,直到无序区只有一个元素为止。

【例 4.7】　序列(11,35,25,87,46,31,52,97)构建的最小堆,取出堆顶元素 11 后,自堆顶到叶子的调整过程,如图 4.18 所示。

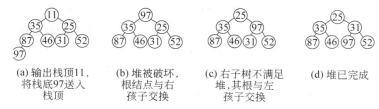

 (a)输出栈顶11, (b)堆被破坏, (c)右子树不满足 (d)堆已完成
 将栈底97送入 根结点与右 堆,其根与左
 栈顶 孩子交换 孩子交换

图 4.18　自堆顶到叶子的调整过程

【堆排序代码】

```
void HeapAdjust(int a[],int s,int n)//构成堆
{   int j,t;
    while(2*s+1<n)//第 s 个结点有右子树
    {   j=2*s+1;
        if((j+1)<n)
        {   if(a[j]<a[j+1])//右左子树小于右子树,则需要比较右子树
                j++;
        }//序号增加 1,指向右子树
        if(a[s]<a[j])//比较 s 与 j 为序号的数据
        {   t=a[s];a[s]=a[j];a[j]=t;s=j;}//堆被破坏,需要重新调整
        else  break;
    }//比较左右孩子均大则堆未破坏,不再需要调整
}
void HeapSort(int a[],int n)//堆排序
{   int t,i,j;
    for(i=n/2-1;i>=0;i--)  HeapAdjust(a,i,n);//将 a[0,n-1]建成大根堆
    for(i=n-1;i>0;i--)
    {   t=a[0];
        a[0]=a[i];
        a[i]=t;
        HeapAdjust(a,0,i);
    }//将 a[0]至 a[i]重新调整为堆
}
```

从上述过程可知,堆排序是一种树形选择排序。直接选择排序中,为了选择最大记录,首先需进行 $n-1$ 次比较,然后从剩下的 $n-1$ 条记录中选择最大记录需进行 $n-2$ 次比较。事实上这 $n-2$ 次比较很多已在前面 $n-1$ 次比较中做过,树形选择排序利用树形的特点保存了部分前面的比较结果,减少了比较次数。对于 n 个关键字序列,最坏情况下每个结点需比较 $\log 2(n)$ 次,因此其最坏情况下时间复杂度为 $n\log n$。

4.2.4 归并类

归并排序法是将两个(或两个以上)有序表合并成一个新的有序表,即把待排序序列分为若干个子序列,每个子序列是有序的。然后再把有序子序列合并为整体有序序列。所以归并排序的核心在于先分解,再合并。具体来讲就是将数组分成两组 A、B,如果这两组组内的数据有序,可以很方便地将这两组数据进行排序。为让这二个数组数据内部有序,需将 A、B 各自再分成两组。以此类推,当分出来的小组只有一个数据时,可以认为这个小组组内已经达到了有序,然后再合并相邻的两个小组即可。这样通过先递归的分解序列,再合并序列就完成了归并排序。

【例 4.8】 序列(9,4,6,2,1,7)的归并排序过程如图 4.19 所示。

归并排序过程如下所示:(9,4,6,2,1,7)首先被分解为两组(9,4,6)和(2,1,7),(9,4,6)又被分解为(9,4)和(6),(6)不再被分解,排序完成,(9,4)被分解为(9)和(4),排序完成,开始归并(9)和(4),获得(4,9),继续归并(4,9)与(6)获得(4,6,9),左半段排序完成,同样的过程可获得右半段的结果(1,2,7),归并(4,6,9)与(1,2,7)获得最终排序(1,2,4,6,7,9)。

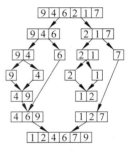

图 4.19 归并排序图示

【归并排序法代码】

```
//将两个有序序列 a[first...mid]和 a[mid+1...last]合并
void mergearray(int a[],int first,int mid,int last,int temp[])
{    int i=first,j=mid+1;
     int m=mid,n=last;
     int k=0;
     while (i<=m && j<=n)
     {   if (a[i]<a[j])  temp[k++]=a[i++];  else  temp[k++]=a[j++];    }
     while (i<=m)  temp[k++]=a[i++];
     while (j<=n)  temp[k++]=a[j++];
     for (i=0;i<k;i++)  a[first+i]=temp[i];
}
void sort(int a[],int first,int last,int temp[])
{    if (first<last)
     {   int mid=(first+last)/2;
         sort(a,first,mid,temp);              //左边有序
         sort(a,mid+1,last,temp);             //右边有序
         sort(a,first,mid,last,temp);         //再将两个有序序列合并
     }
}

bool MergeSort(int a[],int n)
```

```
{       int * p=new int[n];
        if (p==NULL)      return false;
        sort (a,0,n-1,p);
        delete[] p;
        return true;
}
```

归并排序是一种分治法,它反复将两个已经排序的序列合并成一个序列,平均时间复杂度为 $O(n\log n)$,最好时间复杂度为 $O(n)$。

4.3 排序法总结

4.3.1 时间性能

按平均的时间性能来分,有以下三类排序方法:

(1) 时间复杂度为 $O(n\log n)$ 的排序方法有快速排序、堆排序和归并排序,其中以快速排序为最好。

(2) 时间复杂度为 $O(n^2)$ 的排序方法有直接插入排序、冒泡排序和简单选择排序,其中以直接插入为最好。

(3) 时间复杂度为 $O(n)$ 的排序方法只有基数排序。

当待排记录序列按关键字顺序有序时,直接插入排序和起泡排序能达到 $O(n)$ 的时间复杂度;而对于快速排序而言,这是最不好的情况,此时的时间性能蜕化为 $O(n^2)$,因此是应该尽量避免的情况。简单选择排序、堆排序和归并排序的时间性能不随记录序列中关键字的分布而改变。

4.3.2 空间性能

空间性能指的是排序过程中所需的辅助空间大小。

(1) 简单排序方法(直接插入、冒泡和简单选择)和堆排序的空间复杂度为 $O(1)$;

(2) 快速排序为 $O(\log n)$,为栈所需的辅助空间;

(3) 归并排序所需辅助空间最多,其空间复杂度为 $O(n)$。

4.3.3 稳定性能

(1) 稳定的排序方法指的是,对于两个关键字相等的记录,它们在序列中的相对位置,在排序之前和经过排序之后,没有改变。

(2) 对于不稳定的排序方法,只要能举出一个实例说明即可。

(3) 快速排序和堆排序是不稳定的排序方法。

4.4 习题

1. 给出一组关键字：29,18,25,47,58,12,51,10,分别写出按下列各种排序方法进行排序时的变化过程。

(1) 归并排序：每归并一次书写一个次序。

(2) 快速排序：每划分一次书写一个次序。

(3) 堆排序：先建成一个堆,然后每从堆顶取下一个元素后,将堆调整一次。

2. 下面是一段 C 语言代码,其中,数组 a 存储了 n 个整数,请回答以下相关问题。

(1) 请完善对数组 a 进行堆排序的程序。

```
void  HeapAdjust(int a[ ],int h,int s)
{   rc=a[h];
  for(j=;j<=s;j*=2)
    {if((j<s)&&(a[j]<a[j+1]))++j;
    if(!(rc<=a[j]))  break;
      _____;h=j;
    }
    _____;
}
void  HeapSort(int a[ ],int n)
//对 a[1],a[2],…,a[n]进行堆排序//
{for(i=;i>0;--i)
  HeapAdjust(a,i,n);
  for(i=;i>1;--i)
  {t=a[1];a[1]=a[i];a[i]=t;
  _____;
  }
}
```

(2) 上面程序建成的堆是大顶堆还是小顶堆?

(3) 对 n 个元素进行初始建堆的过程中,最多进行_____次数据比较。

3. 以单链表作为存储结构实现直接插入排序算法。

4. 设计一算法,使得在尽可能少的时间内重排数组,将所有取负值的关键字放在所有取非负值的关键字之前。请分析算法的时间复杂度。

5. 写一个双向冒泡排序的算法,即在排序过程中交替改变扫描方向。

6. 已知两个单链表中的元素递增有序,试写一算法将这两个有序表归并成一个递增有序的单链表。算法应利用原有的链表结点空间。

7. 设向量 $A[0..n-1]$ 中存有 n 个互不相同的整数,且每个元素的值均在 0 到 $n-1$ 之间。试写一时间为 $O(n)$ 的算法将向量 A 排序,结果可输出到另一个向量 $B[0..n-1]$ 中。

若对具有 n 个元素的有序的顺序表和无序的顺序表分别进行顺序查找,试在下述两种情况下分别讨论两者在等概率时的平均查找长度：

（1）查找不成功，即表中无关键字等于给定值 K 的记录；

（2）查找成功，即表中有关键字等于给定值 K 的记录。

8. 设有序表为 (a,b,c,e,f,g,i,j,k,p,q)，请分别画出对给定值 b、g 进行折半查找的过程。

第5章 穷 举 法

穷举法的基本思想是根据题目的条件确定答案的大致范围,并在此范围内对所有可能的情况逐一验证,直到全部情况验证完毕。若某个情况验证符合题目的全部条件,则为本问题的一个解;若全部情况验证后都不符合题目的全部条件,则本题无解。本章首先给出了穷举法的特性和适应场合;其次,讲述了一些典型的例题,如杨辉三角形、百元买百鸡等问题。

5.1 概述

穷举法又称为"枚举法"或"试凑法",是根据已有的知识推测答案的一种求解问题策略。针对求解问题,通常先建立一个数学模型,其中包括一组变量以及这些变量需要满足的条件,为这些变量确定大概的取值范围,在此范围内依次取值,并逐一判断所取的值是否满足数学模型中的条件,直到找到符合条件的值为止。

穷举法通常用来解决那些通过公式推导、规则演绎等方法不能解决的问题。常用的穷举方法有如下三种:

(1)顺序列举:顺序列举是指答案范围内的各种情况按自然数的变化顺序进行列举。

(2)排列列举:排列列举是指答案范围内的数据是以一组数的形式排列出来。

(3)组合列举:组合列举是指答案范围内的数据是以元素的组合出现的,此时列举是无序的。

5.2 例题

5.2.1 杨辉三角形

【题意】 杨辉三角,又称贾宪三角形,或帕斯卡三角形,是二项式系数在三角形中的一种几何排列。杨辉三角形如图5.1所示。

```
                          1
                       1     1
                    1     2     1
                 1     3     3     1
              1     4     6     4     1
           1     5    10    10     5     1
        1     6    15    20    15     6     1
     1     7    21    35    35    21     7     1
  1     8    28    56    70    56    28     8     1
1  9   36   84  126  126   84   36    9     1
1  10   45  120  210  252  210  120   45   10    1
1  11   55  165  330  462  462  330  165   55   11    1
1  12   66  220  495  792  924  792  495  220   66   12    1
```

图 5.1 杨辉三角形示意图

杨辉三角形有如下性质：

（1）第 n 行的 m 个数可表示为 $C(n-1,m-1)$，即为从 $n-1$ 个不同元素中取 $m-1$ 个元素的组合数。

（2）每个数字等于上一行的左右两个数字之和，可用此性质写出整个杨辉三角。即第 $n+1$ 行的第 i 个数等于第 n 行的第 $i-1$ 个数和第 i 个数之和，这也是组合数的性质之一。即 $C(n+1,i)=C(n,i)+C(n,i-1)$。

【杨辉三角形代码】

```c
#include "stdio.h"
void main()
{    int a[11][20],i,j;
     for(i=0;i<11;i++)
     for(j=0;j<20;j++)
     a[i][j]=0;
     for(i=0;i<10;i++)
     {
      for(j=0;j<=i;j++)
      {if(j<1)a[i][j]=1;//开头的第一个数为1
      else if(i==0)break;
      else
      a[i][j]=a[i-1][j-1]+a[i-1][j];                //杨辉三角的规律
      }
     }
     //输出
     for(i=0;i<10;i++)
     { for(j=0;j<=i;j++)
      printf("%d ",a[i][j]);
      printf("\n");
     }
}
```

程序运行结果如图 5.2 所示。

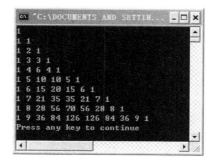

图 5.2   程序运行结果

5.2.2 螺旋数阵

【题意】 数字旋转方阵的打印。编程输出一个数字方阵,使其中的数字按顺时针方向旋转递增,例如5×5方阵效果,如图5.3所示。试编出 $N×N(N<10)$ 的数字方阵。

图5.3 5×5方阵效果图

【螺旋数阵代码】

```c
#include<stdio.h>
#define N 5
main()
{
    int n,i,j,m=1;
    int a[N][N]={0};
//定义螺旋数组,并初始化
    //螺旋数组的实现
    for(n=0;n<=N/2;n++)
    {   for(j=n;j<N-n;j++)
            a[n][j]=m++;
        for(i=n+1;i<N-n;i++)
            a[i][N-n-1]=m++;
        for(j=N-n-2;j>=n;j--)
            a[N-n-1][j]=m++;
        for(i=N-n-2;i>n;i--)
            a[i][n]=m++;
    }
    //输出螺旋数组
    for(i=0;i<N;i++)
      {
      for(j=0;j<N;j++)
          printf("%4d",a[i][j]);
          printf("\n");
      }
}
```

5.2.3 百钱买百鸡

【题意】 公元6世纪末,我国古代数学家张丘建在他编写的《算经》里提出了一个不定方程问题,世界数学史上称为"百鸡问题"。其内容如下:鸡翁一,值钱五,鸡母一,值钱三,鸡雏三,值钱一。百钱买百鸡,问鸡翁、母、雏各几何?

翻译成现代文,内容如下所示:公鸡每只5元,母鸡每只3元,小鸡3只1元。现在有100元钱要求买100只鸡,问小鸡、公鸡和母鸡各多少只?

【解析】

设公鸡、母鸡、小鸡各为 x、y、z 只,根据题目要求,列出方程为:

$$\begin{cases} x+y+z=100 \\ 5x+3y+(1/3)z=100 \end{cases}$$

三个未知数,两个方程,此题有若干个解。

【百钱买百鸡代码】

```
#include<stdio.h>
int main()
{ int x,y,z;
  for (x=0;x<=100;x++)
  { for (y=0;y<=100;y++)
    { for (z=0;z<=100;z++)
      { if (x+y+z==100 && 5*x+3*y+(1/3)*z==100)
            printf("roosters:%d hens:%d chickens:%d\n",x,y,z);
      }
    }
  }
}
```

程序运行结果如图 5.4 所示。

图 5.4　程序运行结果

方法二:

公鸡:1~19 只之间,不可能为 20 只,否则无母鸡、小鸡。

母鸡:1~32 只之间,不可能超过 32 只,否则无公鸡、小鸡。

小鸡:3~98 只之间,且是 3 的整数倍。

方法三:

$z=100-x-y$

代入另一方程,化简得

$7x+4y=100$

请读者采用高级程序语言实现此代码。

5.2.4 啤酒和饮料

【题意】 啤酒每罐 2.3 元,饮料每罐 1.9 元。小明买了若干啤酒和饮料,已知啤酒比饮料的数量少,共花 82.3 元。请计算买了几罐啤酒。

【解析】 根据题意,列出方程式如下:

$$\begin{cases} x \times 2.3 + y \times 1.9 = 82.3 \\ y - x > 0 \end{cases}$$

其中,x 代表啤酒,y 代表饮料。

【啤酒和饮料代码】

```
#include<stdio.h>
int main()
{    int x,y;
    for(x=1;x<40;x++)
    {  for(y=x+1;y<43;y++)//啤酒比饮料的数量少
        {    if(23*x+y*19==823)
            { printf("啤酒为%d,饮料为%d",x,y);
            }
        }
    }
}
```

【方法二】代码优化如下所示:

```
#include<stdio.h>
int main()
{    int x,y;
    for(x=1;x<82.3/2.3;x++)
    {  for(y=1;y<43;y++)
        {  if (x>y)continue;
            if(23*x+y*19==823)
            { printf("啤酒为%d,饮料为%d",x,y);
            }
        }
    }
}
```

程序运行结果如图 5.5 所示。

图 5.5 程序运行结果

5.3 有意思的数

5.3.1 素数

【题意】 素数又称为质数,是一个大于 2 且不能被 1 和其本身以外的整数整除的整数。判断从键盘上输入的整数是否为素数。

【方法一】 若 N 是素数,只能被 1 和 N 自身整除,即不能被 $2,3,\cdots,N-1$ 整除。根据一个命题的逆否命题等于其本身的定律。如果 $2,3,\cdots,N-1$ 之中只要有一个数能被 N 整除,N 就不是素数;反之,如果 $2,3,\cdots,N-1$ 之中没有一个数能被 N 整除,N 就是素数。

【素数代码】

```
#include<stdio.h>
int main()
{ int i=2;
bool IsPrime=true;
int num;
scanf("input a number%d:",&num);
for(i=2;i<num-1;i++)
  {if(num%i==0)
      IsPrime=false;
    break;
   }
  if(IsPrime==true)
    printf("%d is prime",num);
  else
    printf("%d is not prime",num);
   }
```

假设从键盘输入了 9,程序运行过程如表 5.1 所示。

表 5.1 程序运行过程

变量 i	表达式 num%i	布尔值 IsPrime
2	1	true
3	0	false

如果没有 break 语句,程序将按表 5.2 运行。

表 5.2 没有 break 语句的程序运行过程

变量 i	表达式 num%i	布尔值 IsPrime
2	1	true

续表

变量 i	表达式 num%i	布尔值 IsPrime
3	0	false
4	1	false
5	4	false
6	3	false
7	2	false
8	1	false

题目若变成求出 100 之内的所有素数,如何去做?

5.3.2　孪生素数

【题意】　孪生素数是指两个素数之差为 2,例如,3 和 5、5 和 7、11 和 13……求 100 以内的孪生素数。

【孪生素数代码】

```
#include<math.h>
#include<stdio.h>
int isPrime(int num)
{
    int i;
    for(i=2;i<=sqrt(num);i++)
    {
        if(num%i==0)
        {
            return 0;
        }
    }
    return 1;
}

int main()
{
    int i,temp;
    temp=2;
    printf("孪生素数如下:\n");
    for(i=2;i<=300;i++)
    {
        if(isPrime(i))
        {
```

```
            if(i-temp==2)
            {
                printf("%-5d\t%-5d\n",temp,i);
            }
            temp=i;
        }
    }
    return 0;
}
```

程序运行结果如图 5.6 所示。

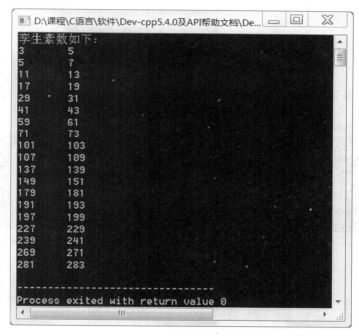

图 5.6 "孪生素数"运行结果

5.3.3 回文素数

【题意】 对一个整数 $n(n\geqslant11)$ 从左向右还是从由向左读其结果值相同且是素数,即称 n 为回文素数。求 100~1000 以内的回文素数。

【方法 1】 先筛选出所有的素数,再在所找到的素数中找回文数。

【回文素数代码】

```
#include<stdio.h>
int main()
{
int i,j;
```

```
int a,b;
for(i=100;i<999;i++)
{for(j=2;j<i;j++)
{if(i%j==0)
break;
}
if(j==i)
{
a=i/100;
b=i%10;
if(a==b)
printf("%d ",i);
}
}
}
```

程序运行结果如图 5.7 所示。

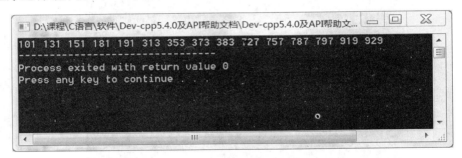

图 5.7 "回文素数"运行结果

【方法2】 先找出回文数,再在回文数中找素数,此方案须遍历所有的回文数。哪种方法的效率高一些?请读者自行完成代码,并进行分析。

5.3.4 水仙花数

【题意】 自幂数又称为阿姆斯特朗数,是指一个 n 位数($n \geq 3$),它的每个位上的数字的 n 次幂之和等于它本身。三位自幂数又称为水仙花数。

【水仙花数代码】

```
#include<stdio.h>
int main()
{
int i,a,b,c;
for(i=100;i<1000;i++)
{
a=i/100;
```

```
b=(i/10)%10;
c=i%10;
if((a*a*a+b*b*b+c*c*c)==i)
  printf("%d\n",i);}
  return(0);
}
```

程序运行结果如图 5.8 所示。

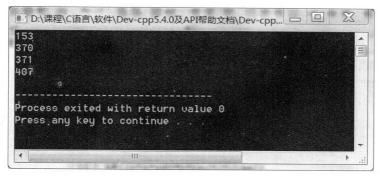

图 5.8 "水仙花数"运行结果

5.3.5 北斗七星数

【题意】 北斗七星数是 7 位自幂数,采用穷举法共需 7 重循环,if 语句要执行 9 000 000 次,判别式左侧乘法有 $7 \times 6 = 42$ 次,右侧乘法有 6 次,故:$9000000 \times (42+6) = 432000000$ 次乘法。

【北斗七星数代码】

```
#include<stdio.h>
#include "math.h"
main()
{
    long int i,j,k,l,m,n,p;
    for(i=1;i<=9;i++)
        for(j=0;j<=9;j++)
            for(k=0;k<=9;k++)
                for(l=0;l<=9;l++)
                    for(m=0;m<=9;m++)
                        for(n=0;n<=9;n++)
                            for(p=0;p<=9;p++)
    if(pow(i,7)+pow(j,7)+pow(k,7)+pow(l,7)+pow(m,7)+pow(n,7)+pow(p,7)==
    1000000L*i+100000L*j+10000L*k+1000*l+100*m+10*n+p)
                printf("%ld%ld%ld%ld%ld%ld%ld\n",i,j,k,l,m,n,p);
        }
```

程序运行结果如图 5.9 所示。

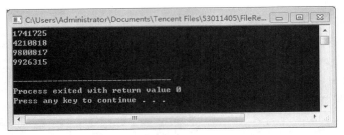

图 5.9 "北斗七星数"运行结果

5.3.6 完全数

【题意】 完全数,又称为完数,是具有以下特征的整数:除去其本身外,该数所有的因子相加之和等于其自身。例如,整数 6,其因子为 1、2、3、6,除去整数 6 本身,其余的因子 1+2+3 之和与自身 6 相等,6 就是一个完数。求出 1~10 000 之间所有的完数。

【完全数代码】

```c
#include<stdio.h>
int main()
{
  int i,j,sum;
  for(j=1;j<=10000;j++)
    {
    sum=0;
    for(i=1;i<=j-1;i++)
    {
        if (j%i==0)
            sum=sum+i;}
    if (sum==j)
        printf("%8d",j);
    }
}
```

程序运行结果如图 5.10 所示。

图 5.10 "完全数"运行结果

5.3.7 倒序数

【题意】 将一个阿拉伯数的各位上的数字以逆序的形式写成的数。该阿拉伯数的第一位变成最后一位,最后一位变成第一位。例如数 1245 被写成 5421。

【倒序数代码】

```c
#include<stdio.h>
int main()
{
    int n;
    scanf("%d",&n);
    while(n){
        printf("%d",n%10);
        n/=10;
    }
}
```

程序运行结果如图 5.11 所示。

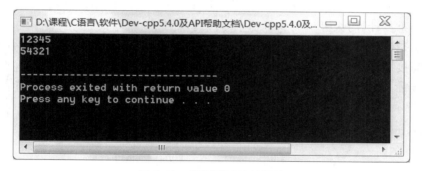

图 5.11 "倒序数"运行结果

5.4 习题

1. 什么是穷举法?它适合哪些场合?
2. 使用筛选法求出 1~100 之内的所有素数。

第6章 递 归 法

递归(Recurrence)将求出的小规模的问题的解合并为一个更大规模的问题的解,自底向上逐步求出原来问题的解。本章首先介绍递归的定义和递归的两种形式:基本递归和尾递归;其次,详细解析了递归、循环、迭代、递推、遍历等相似术语的相互关系;最后,讲授了一些典型的递归法例题,如汉诺塔问题、最大公约数等问题。

6.1 概述

6.1.1 简介

递归作为一种算法在程序设计语言中广泛应用,是指一个过程或函数在其定义或说明中有直接或间接调用自身的一种方法。递归通常把一个大型复杂的问题层层转化为一个与原问题相似的规模较小的问题来求解,递归只需少量的程序就可描述出解题过程所需要的多次重复计算,大大地减少了程序的代码量。

递归是指直接或间接地调用自身的算法。函数的递归调用是指在函数的执行过程中又直接或间接地调用了该函数本身。在函数中直接调用函数本身称为直接递归调用,如图6.1(a)所示;在函数中调用其他函数,其他函数又调用原函数,称为间接递归调用,如图6.1(b)所示。

(a) 直接递归调用   (b) 间接递归调用

图 6.1　函数的递归调用

构成递归需具备边界条件与递归方程两个要素:

(1) 子问题与原始问题为同样的问题,且更为简单。将问题转化为比原问题小的同类规模,归纳出递归方程。递归方程表现为一个递归关系式,是递归的依据。递归程序执行时,每调用自身一次问题的规模就变小,直至满足边界条件;然后开始返回,最终解决问题。

(2) 不能无限制地调用本身,必须存在递归终止。递归终止是指边界条件,边界条件是非递归定义的初始值,是递归到最底层的出口,当规模小到一定的程度应该结束递归调用,逐层返回。如果没有边界条件递归函数就无法计算。

递归函数只有具备了以上这两个要素才能在有限次计算后得出结果。

6.1.2　内存组织方式

可执行程序由 4 个区域组成：代码段、静态数据区、堆与栈，如图 6.2(a)所示。代码段包含程序运行时所执行的机器指令；静态数据区包含在程序生命周期内一直保持的数据，比如全局变量和静态局部变量；堆包含程序运行时动态分配的存储空间，即 C 语言中 malloc 函数分配的内存；栈包含函数调用的信息。

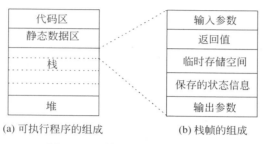

（a）可执行程序的组成　　　　（b）栈帧的组成

图 6.2　可执行程序的 4 个区域

递归是利用系统中栈进行操作的，通过对栈帧的一系列操作，从而实现递归，这个过程是由系统来实现一个栈的入栈和出栈问题。栈会分配一块空间用来保存与入栈和出栈相关调用的信息。栈上的这块存储空间称为栈帧（或者称为活跃记录），栈帧一直存在于栈中直到这个栈的调用结束。

栈帧由输入参数、返回值、临时存储空间、保存的状态信息以及输出参数 5 个区域组成，如图 6.2(b)所示。其中，输入参数是传递到栈帧中的参数；输出参数是传递给在栈帧中调用的函数所使用，是栈中下一个栈帧的输入参数。

6.1.3　递归适用场合

递归具有结构清晰、可读性强等优点，容易用数学归纳法来证明算法的正确性，为调试程序带来很大方便。但是，递归运行效率较低，无论是耗费的计算时间还是占用的存储空间都比非递归算法要多。

递归算法一般用于解决以下三类问题：

（1）程序要处理的问题本身具有递归特性，则也适于用递归描述。这类问题一般具有非常明显的递归关系式，比较容易设计相应的代码。

例如，Fibonacci 函数为无穷数列 1,1,2,3,5,8,13,21,…

$$\text{Fib}(n)\begin{cases}1, & n=0 \\ 1, & n=1 \\ \text{Fib}(n-1)+\text{Fib}(n-2), & n>1\end{cases}$$

（2）问题解法按递归算法实现。

这类问题本身没有明显的递归结构，但用递归求解比迭代求解更简单，如八皇后、

Hanoi 等问题。

（3）程序要处理的数据结构本身具有递归特性，适于用递归描述，如二叉树、广义表等，由于结构本身固有的递归特性，则它们的操作可递归地描述。

一个典型例子是"树"这种数据结构。众所周知，树的定义是一个递归的定义，即树的定义中又用到了树的概念。那么和树相关的程序设计就非常适合采用递归方式，典型的例子有树的前序、中序和后序遍历算法。

6.2 基本递归

递归调用的执行分成两个阶段完成：第一阶段是"入栈"，即逐层调用，调用的是函数自身；第二阶段是"出栈"，即逐层返回，返回到调用该层的位置继续执行后续操作。递归分为基本递归和尾递归两种，下面依次进行介绍。

6.2.1 相关概念

基本递归是指包括完整的"入栈"——递推过程和"出栈"——回归过程。下面以 $n!$ 为例进行讲解。$n!$ 的基本递归函数如下所示：

$$n! = \begin{cases} 1, & n=1 \\ n(n-1)!, & n>1 \end{cases}$$

递推过程如下所示：n 的阶乘定义为 n 乘以 $n-1$ 的阶乘，即 $n!=n(n-1)!$，即将 $n!$ 定义为更小的阶乘形式。求解 $(n-1)!$ 的过程与 $n!$ 一样，$(n-1)!$ 是 $n-1$ 倍的 $(n-2)!$，即 $(n-1)!=(n-1)(n-2)!$，只是规模变小了一些……如此减少，一直到 $n=1$ 为止。将问题缩小成一个更小规模的同类问题，并延续这一缩小规模的过程，直到在某一规模上（当 n 为 1 时）问题的解已知。由于每个栈帧的返回值都依赖于用 n 乘以下一个栈帧的返回值，因此每次调用产生的栈帧将不得不保存在栈上直到下一次调用的返回值确定为止。

回归过程正好与递推过程相反，如下所示：由于 $n=1$ 时，$1!=1$，逆向回归，$2!=2\times 1!=2$……如此回归，则 $n!$ 可求。

fac(4) 表示求解 4! 的递归函数，其递归过程如下所示：

$$\text{fac}(n) = \begin{cases} 1, & n=1 \\ n\text{fac}(n-1), & n>1 \end{cases}$$

（1）递推过程

$\text{fac}(4)=4\times\text{fac}(3)\rightarrow\text{fac}(3)=3\times\text{fac}(2)\rightarrow\text{fac}(2)=2\times\text{fac}(1)\rightarrow\text{fac}(1)$

（2）回归过程

$\text{fac}(4)\leftarrow\text{fac}(4)=4\times\text{fac}(3)\leftarrow\text{fac}(3)=3\times\text{fac}(2)\leftarrow\text{fac}(2)=2\times\text{fac}(1)\leftarrow\text{fac}(1)=1$

$\qquad\quad =24 \qquad\qquad\qquad =6 \qquad\qquad\qquad =2 \qquad\qquad\qquad =1$

【fac(4!)的基本递归代码】

```
int fac(int n) {
if (n==1)
```

```
    return 1;
  else
    return n * fac(n-1);
  }
Main()
{
  fac(4!)
}
```

6.2.2 基本递归运行原理

基本递归的入栈和出栈系统一般需要完成一些任务。对于入栈，需要完成如下三件任务：

（1）将所有的实在参数、返回地址等信息传递给被调用过程保存；

（2）为被调用过程的局部变量分配存储区；

（3）将控制转移到被调过程的入口。

出栈时，系统也完成如下三件任务：

（1）保存被调过程的计算结果；

（2）释放被调用过程的数据区；

（3）依照被调过程保存的返回地址将控制转移到调用过程。

递归调用的运行过程类似于多个函数的嵌套调用，只是调用函数和被调用函数是同一个函数，即被视为同一函数进行嵌套调用，作为多重嵌套调用的一种特殊情况，函数之间的信息传递和控制转移必须通过"栈"来实现，用于保护主调层的现场和返回地址，按照"后调用、先返回"的原则，即每当函数调用时就为它在栈顶分配一个存储区；每当退出函数时就释放该存储区，则当前正运行的函数的数据区必须在栈顶。

下面以 fac(4!)为例来分析其如何在内存中进行数据的入栈与出栈两个阶段。

第一阶段：递推阶段（入栈）。

（1）初始调用 fac(4!)会在栈中产生第一个活跃记录，输入参数 $n=4$，输出参数 $n=3$，如图 6.3 第 1 步所示。

（2）由于 fac(4!)调用没有满足函数的终止条件，因此 fac 将继续以 $n=3$ 为参数递归调用，在栈上创建另一个活跃记录，$n=3$ 成为了第一个活跃期中的输出参数，同时又是第二个活跃期中的输入参数，这是因为在第一个活跃期内调用 fac 产生了第二个活跃期，如图 6.3 第 2 步所示。

（3）以此类推，这个入栈过程将一直继续，直到 n 的值变为 1，此时满足终止条件，fac 将返回 1，如图 6.3 第 3、4 步所示。

第二阶段：回归阶段（出栈）。

（1）当 $n=1$ 时的活跃期结束，$n=2$ 时的递归计算结果就是 $2\times1=2$，因而 $n=2$ 时的活跃期也将结束，返回值为 2，如图 6.3 第 5 步所示。

（2）如此反复，$n=3$ 的递归计算结果表示为 $3\times2=6$，因此 $n=3$ 时的活跃期结束，返回值为 6,如图 6.3 第 6 步所示。

（3）最终,当 $n=4$ 时的递归计算结果将表示为 $6\times4=24,n=4$ 时的活跃期将结束,
返回值为 24,如图 6.3 第 7 步所示,递归过程结束。

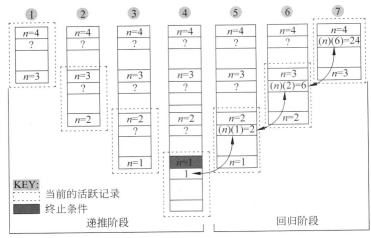

图 6.3　以 fac(4!)为例讲解基本递归

6.3　尾递归

6.3.1　相关概念

尾递归是指函数中所有递归形式的调用都出现在函数的末尾,即当递归调用是整个
函数体中最后执行的语句且它的返回值不属于表达式的一部分时,这个递归调用就是尾
递归。由于尾递归是函数的最后一条语句,则当该语句执行结束从下一层返回至本层后
立刻又返回至上一层,因此在进入下一层递归时,不需要继续保存本层所有的实在参数和
局部变量,即不做入栈操作而是将栈顶活动记录中的所有实在参数更改为下一层的实在
参数,从而不需要进行任何其他操作而是连续出栈。

尾递归函数的特点是在回归过程中不做任何操作,而编译器会利用这种特点进行码
优化。当编译器检测到一个函数调用是尾递归,递归调用作为当前活跃期内最后一条待
执行的语句,当这个调用返回时栈帧中并没有其他事情可做,因此没有必要保存栈帧。通
过覆盖当前的栈帧而不是在其之上添加,使得栈空间大大缩减,运行效率提高。

基本递归的入栈与出栈需要大量的时间和空间的开销,可以通过尾递归这种特殊递
归方式来解决。

6.3.2　尾递归运行原理

计算 $n!$ 的尾递归函数如下所示:

$$F(n,a) = \begin{cases} a, & n=1 \\ F(n-1,na), & n>1 \end{cases}$$

尾递归的函数为 $F(n,a)$ 与基本递归 $fac(n)$ 相比多了第二个参数 a,a 用于维护递归层次的深度,初始值为 1,从而避免每次需要将返回值再乘以 n。尾递归是在每次递归调用中,令 $a=na$ 并且 $n=n-1$,持续递归调用,直到满足结束条件 $n=1$,返回 a 即可。

尾递归计算 4!的过程如图 6.4 所示。$F(4,1)$ 的递归过程如下:

$$F(4,1)=F(3,4\times1)\rightarrow F(2,3\times4\times1)\rightarrow F(1,2\times3\times4\times1)$$

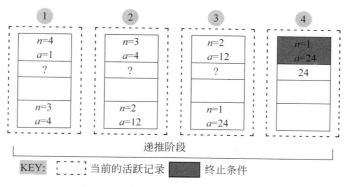

图 6.4 以 $F(4,1)$ 为例讲解尾递归

【n!的尾递归代码】

```
int F(int n,int a) {
if (n==1)
  return a;
else
  return F(n-1,n * a);
}
```

6.4 相似术语解析

计算机有很多术语具有"重复"的含义。比如循环(loop)、递归(recursion)、遍历(traversal)、迭代(iterate)等,如何进行区分? 下面进行相关介绍。

6.4.1 递归与循环

循环是最基础的概念,凡是重复执行一段代码,都可以称为循环,大部分的递归、遍历、迭代都是循环。

递归程序改为循环实现,需要创建一个栈,用于状态的回溯。

6.4.2 迭代和递推

"递推法"又称为"迭代法",从字面理解,迭代中的:"迭"有轮流、轮番、替换、交替、更换的意思。"代"是指代替的意思。迭代是指轮流代替、变化的循环,即循环体不是固定而是变化的。递推法的基本思想是把一个复杂的计算过程转化为简单过程的多次重复。每次重复都从旧值的基础上递推出新值,并由新值代替旧值。

递推法利用计算机运算速度快、适合做重复性操作的特点,让计算机对一组指令(或一定步骤)进行重复执行,在每次执行这组指令(或这些步骤)时,都从变量的原值推出它的一个新值。

递推法解决问题有如下三个方面的工作:

(1) 确定迭代变量。在可以用迭代算法解决的问题中,至少存在一个直接或间接地不断由旧值递推出新值的变量,这个变量就是迭代变量。

(2) 建立迭代关系式。所谓迭代关系式,指如何从变量的前一个值推出其下一个值的公式(或关系),通常使用递推或倒推的方法来完成。

(3) 对迭代过程进行控制。在什么时候结束迭代过程? 这是编写迭代程序必须考虑的问题。不能让迭代过程无休止地重复执行下去。迭代过程的控制通常可分为两种情况:一种是所需的迭代次数是个确定的值,可以计算出来;另一种是所需的迭代次数无法确定。对于前一种情况,可以构建一个固定次数的循环来实现对迭代过程的控制;对于后一种情况,需要进一步分析出用来结束迭代过程的条件。

6.4.3 迭代与遍历

遍历是指按一定规则访问一个非线性的结构中的每一项,一般强调非线性结构,如树、图。而迭代一般适用于线性结构,如字符串、数组、队列等。Python 程序设计语言中的序列就是典型的具有顺序编号特征的数据存储方式。

6.4.4 递归和递推

递归和递推适用于不同的问题,不能一概而论。例如有些问题适用于递归,如汉诺塔(Hanoi)等;而有些问题适用于递推,如求满足 $N!>M$ 条件时最小的 N;还有些问题两者都可以,如斐波那契数列、$N!$ 等问题。

递归和递推有如下区分:

(1) 从程序上看,递归表现为自己调用自己,递推则没有这样的形式。

(2) 递归是从问题的最终目标出发,逐步将复杂问题化为简单问题。递推是从简单问题出发,一步步地向前发展,最终求得问题。

(3) 递归中,问题的 n 要求是计算之前就知道的,而递推可以在计算中确定,不要求计算前就知道 n。

(4) 一般来说,递推的效率高于递归。因此,在可能的情况下尽量使用递推。

【例 6.1】 斐波那契数列。

斐波那契数列(Fibonacci)是这样一个数列,其值为 1,1,2,3,5,8,13,21…

【方法1】 递归。

递归函数 Fib()定义如下：

$$\mathrm{Fib}(n)=\begin{cases}1, & n=0\\1, & n=1\\\mathrm{Fib}(n-1)+\mathrm{Fib}(n-2), & n>1\end{cases}$$

【递归函数 Fib()代码】

```
int Fib(int n)
{
    if(n<=1) return 1;
    return Fib(n-1)+Fib(n-2);
}
```

【解析】

Fib(5)的计算过程如图6.5所示,其中,Fib(1)计算了2次、Fib(2)计算了3次,Fib(3)计算了2次,这些冗余的重复计算是完全没有必要的。

斐波那契数列的前几项：$1,1,2,3,5,8,13,$ $21\cdots$如果去掉第一项,数列依然满足 $f(n)=f(n-1)+f(n-2),(n>2)$,只是此时数列的第 $n-1$ 项就是原数列的第 n 项。

构造如下函数：

```
int fib_i(int a,int b,int n)
```

fib_i()接收三个参数,前两个是数列的开头两项,第三个是以前两个参数开头的数列的第几项。

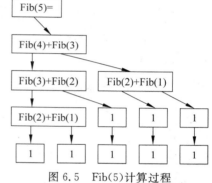

图6.5 Fib(5)计算过程

$$\mathrm{fib\_i}(int\ a,int\ b,int\ n)\begin{cases}a+b, & n=3\\\mathrm{fib\_i}(b,a+b,n-1), & n>3\end{cases}$$

即,当 n 为 3 时,fib_i()返回 a+b。若 n>3,fib_i(a,b,n)调用 fib_i (b,a+b,n-1),缩小了问题的规模,将求第 n 项变成求第 n-1 项。

【fib_i(int a,int b,int n)代码】

```
int fib_i(int a,int b,int n)
{
if(n==3)
return a+b;
else
return fib_i(b,a+b,n-1);
}
```

此时,fib_i()算法复杂度是线性。

【方法2】 递推。

Fib 数列如图6.6所示,前一次公式中的变量的取值位置和后一次公式中的变量的取值位置之间存在着一个恒定的关系表达式 $f=f2+f1$。

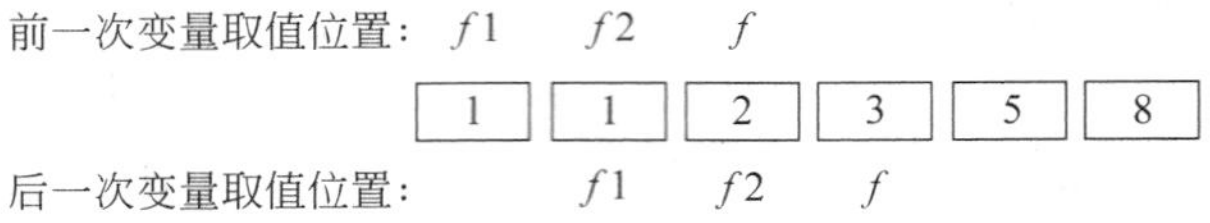

前一次变量取值位置：$f1$ $f2$ f

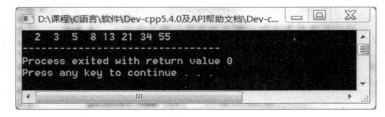

后一次变量取值位置： $f1$ $f2$ f

图 6.6　Fib 数列公式示意图

（1）将前一次的 $f2$ 赋值给后一次的 $f1$，得到 $f1=f2$；

（2）将前一次的 f 赋值给后一次的 $f2$，得到 $f2=f$。

【Fib 递推代码】

```
#include<stdio.h>
int main()
{
    int i,f1,f2;
    int f;                       //f 为从第三项开始到第 10 项的具体每项的值
    f1=1;
    f2=1;                        //给 Fibonacci 数列前两项赋初值
    for(i=3;i<=10;i++)           //循环变量 I 从第三项开始到第 10 项变化
        {
        f=f2+f1;                 //Fibonacci 数列
        printf("%3d",f);         //输出第 n 项
        f1=f2;                   //将原先 f2 的旧值赋值给新的变量 f1
        f2=f;                    //将原先 f 的旧值赋值给新的变量 f2
        }
}
```

程序运行结果如图 6.7 所示。

```
D:\课程\C语言\软件\Dev-cpp5.4.0及API帮助文档\Dev-c...
2  3  5  8 13 21 34 55
--------------------------------
Process exited with return value 0
Press any key to continue . . .
```

图 6.7　程序运行结果

【例 6.2】　$N!$。

$N!$ 的尾递归和基本递归的代码前面给出了，下面采用递推法（迭代法）来实现 $n!$，即 n 的阶乘为 $n\times(n-1)\times(n-2)\times\cdots\times3\times2\times1$。通过循环遍历其中的每一个数，然后与它之前的数相乘作为结果再进行下一次计算。

【$N!$ 的递推法代码】

```
#include<stdio.h>
int main()
```

```
{
    int i,s,N;//i 为循环变量,s 表示累积
        s=1;//s 的初值为 1,需注意
        scanf("%d",&N);
        for(i=1;i<=N;i++)//循环体,反复被执行了 N 次,s 表示每次相乘之积
            s=s*i;
        printf("N!=%d",s);
}
```

程序运行结果如图 6.8 所示。

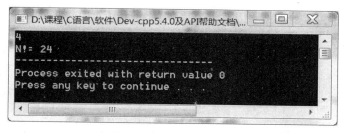

图 6.8　程序运行结果

【解析】　$N!$ 的递推法与递归法的时间复杂度都为 $O(N)$,但是递归算法要进行 N 次函数调用,开销很大,系统要为每次函数调用分配存储空间,并将调用点压栈予以记录。并在函数调用结束时,要释放空间,出栈、恢复断点。

6.5　例题

6.5.1　最大公约数

【题意】　两个正整数的最大公约数。

【方法1】　辗转相除法(即欧几里得算法)。设两个变量 m 和 n,假设 $m \geqslant n$,用 m 除以 n,求得余数 q。若 q 为 0,则 m 为最大公约数;若 q 不等于 0,则将 $m=n,n=q$,即原除数变为新的被除数,原余数变为新的除数,直到余数为 0 为止。余数为 0 时的除数 n,即为原始 m、n 的最大公约数。

【辗转相除法代码】

```
#include<stdio.h>
void main()
{
    int m,n,q,a,b;
    printf("Enter two integers:");
    scanf("%d%d",&a,&b);
    m=a;
    n=b;
    if(n>m)
```

```
{   int z;
    z=m;m=n;n=z;//执行算法前保证 m 的值比 n 的值大
}
Do
{   q=m%n;
    m=n;
    n=q;
}while(q!=0);
printf("The greatest common divisor of");
printf("%d,%d is%d\n",a,b,m);
}
```

【方法2】 递归法。

两个正整数的最大公约数的递归函数 gcd(m,n)公式如下：

$$\gcd(m,n) = \begin{cases} n, & m\,\mathrm{Mod}\,n = 0 \\ \gcd(n,m\,\mathrm{Mod}\,n), & m\,\mathrm{Mod}\,n \neq 0 \end{cases}$$

【gcd(m,n)代码】

```
#include<stdio.h>
int gcd(int m,int n)
{
    int g;
      if(m%n==0)
            g=n;
      else
            g=gcd(n,m%n);
    return(g);
}
int main()
{
    int M,N,g;
      scanf("%d,%d",&M,&N);
      printf("输入两个正整数%d,%d\n",M,N);
      printf("最大公约数是%d",gcd(M,N));
}
```

程序运行结果如图 6.9 所示。

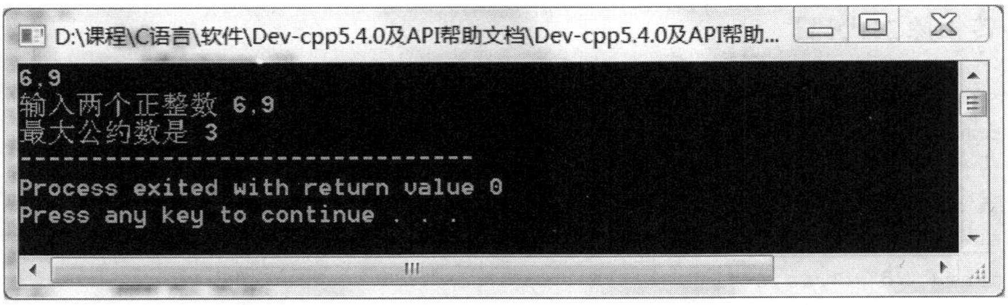

图 6.9 程序运行结果

6.5.2　最近公共子结点

【题意】　如图6.10所示,在二叉树上,从某一个结点到根结点(编号是1的结点)都有一条唯一的路径,比如从10到根结点的路径是

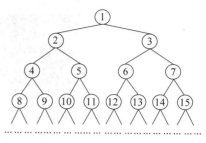

图6.10　二叉树示意图

$(10,5,2,1)$,从4到根结点的路径是$(4,2,1)$,结点10和4的最近公共子结点为2。对于两个任意结点x_1和y_1,它们到根结点的路径分别是$(x_1,x_2,\cdots,1)$和$(y_1,y_2,\cdots,1)$,必然存在两个正整数i和j,使得从x_i和y_j开始,有$x_i=y_j$,$x_{(i+1)}=y_{(j+1)}$,$x_{(i+2)}=y(j+2)$,$\cdots$那么,x_i或y_j就是两个任意结点x_1和y_1的最近公共子结点。

【解析】　对于二叉树,不论结点为奇数还是偶数,每个数整除2就是其父结点。x、y两个结点在二叉树的位置关系无非两种情况:两个结点位于同一层,或者不在同一层。当两个结点不在同一层时,可以每次让较大的一个数(也就是在树上位于较低层次的结点)向上走,直到两个结点在同一层次相遇为止,若两个结点位于同一层,并且它们不相等,可以让两个结点依次向上走,如此反复,直到它们相遇。

设$\mathrm{common}(x,y)$表示整数x和y的最近公共子结点,根据x和y的值,可得三种情况:

（1）x等于y,则$\mathrm{common}(x,y)$等于x并且等于y;

（2）x大于y,则$\mathrm{common}(x,y)$等于$\mathrm{common}(x/2,y)$;

（3）x小于y,则$\mathrm{common}(x,y)$等于$\mathrm{common}(x,y/2)$;

【最近公共子结点代码】

```c
#include<stdio.h>
int common(int x,int y)
{
  int c;
  if (x>y)        c=common(x/2,y);
  else if (x<y)   c=common(x,y/2);
  else            c=x;
  return(c);
}

int main()
{
  int p;
  int M,N;
  scanf("%d,%d",&M,&N);
  p=common(M,N);//调用common函数,找出M和N的公共子结点
```

```
    printf("%d 和%d is%d",M,N,p);
}
```

程序运行结果如图 6.11 所示。

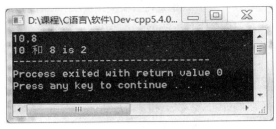

图 6.11　程序运行结果

6.5.3　汉诺塔问题

【题意】　汉诺塔(又称河内塔)问题是经典的递归问题,传说大梵天创造世界的时候做了三根金刚石柱子,在一根柱子上从下往上按照大小顺序摆着 64 片黄金圆盘。大梵天命令婆罗门把圆盘从下面开始按大小顺序重新摆放在另一根柱子上。并且规定,在小圆盘上不能放大圆盘,在三根柱子之间一次只能移动一个圆盘。

【解析】　汉诺塔如图 6.12 所示。

只要能将除最下面的一个盘片外,其余的 63 个盘片从 A 塔借助于 C 塔移至塔 B 上,剩下的一片就可以直接移至塔 C 上。再将其余的 63 个盘片从 B 塔借助于 A 塔移至塔 C 上,问题就解决了。这样就把一个 64 个盘片的汉诺塔问题化简为 2 个 63 个盘片的汉诺

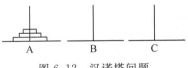

图 6.12　汉诺塔问题

塔问题,而每个 63 个盘片的汉诺塔问题又按同样的思路,可以简为 2 个 62 个盘片的汉诺塔问题。继续递推,直到剩一个盘片时,可直接移动递归结束。

因此,将 n 个盘片按规定从 A 塔移至 C 塔移动步骤可分为如下 3 步完成:

步骤 1:把 A 塔上的 $n-1$ 个盘片借助 C 移动到 B 塔。

步骤 2:把第 n 个盘片从 A 塔移至 C 塔。

步骤 3:把 B 塔上的 $n-1$ 个盘片借助 A 塔移至 C 塔。

汉诺塔以递归算法实现,函数 hanoi(n,x,y,z) 的形参为 n、x、y、z 分别表示盘片数、源塔、借用塔和目的塔。调用每层递归调用,盘片数减 1,当递归调用到盘片数为 1 时结束递归。算法描述如下:

递归终止:当 n 等于 1,则将这一个盘片从 x 塔移至 z 塔。

算法描述:

(1) 递归调用 hanoi$(n-1,x,z,y)$;将 $n-1$ 个盘片从 x 塔借助 z 移动到 y 塔。

(2) 将 n 号盘片从 x 塔移至 z 塔。

(3) 递归调用 hanoi$(n-1,y,x,z)$;将 $n-1$ 个盘片从 y 塔借助 x 移动到 z 塔。

【汉诺塔代码】

```
void hanoi(int n,char x,char y,char z)
/*将塔座 x 上按直径由小到大且自上而下编号为 1 至 n 的 n 个圆盘按规则搬到塔座 z 上,y 可
用作辅助塔座。*/
{
if(n==1)
        printf("%c—>%c\n",x,z);
else
        {
        hanoi(n-1,x,z,y);                 /*递归调用*/
        printf("%c—>%c\n",x,z);
        hanoi(n-1,y,x,z);                 /*递归调用*/
        }
}
main()
{
        int m;
        printf("Input the number of disks:");
        scanf("%d",&m);
        printf("The steps to moving%3d disks:\n",m);
        hanoi(m,'A','B','C');
}
```

程序的运行情况如下:

```
Input the number of disks:3<回车>
The step to moving 3 disks:
A—>C
A—>B
C—>B
A—>C
B—>A
B—>C
A—>C
```

hanoi(n,x,y,z)的执行过程如图 6.13 所示,其中函数上方的小方框表示本次调用是 n,x,y,z 的值。

6.5.4 平面划分

【题意】 n 条直线最多可以划分的平面个数?

【解析】 $f(n)$ 用于表示 n 条直线最多可以划分的平面个数。如图 6.14 所示,1 条直线最多划分 2 个平面 $f(1)=2$,2 条直线最多可以划分 4 个平面 $f(2)=4$,即 $f(2)=$

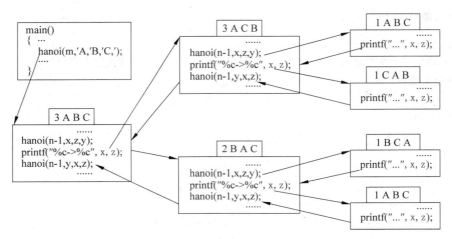

图 6.13 $n=3$ 时函数的递归调用过程

$f(1)+2,3$ 条直线最多可以划分 7 个平面 $f(3)=7$，即 $f(3)=f(2)+3$……以此类推，第 n 条直线最多划分的平面数 $f(n)$ 是在 $n-1$ 条直线划分的情况下，加上第 n 条直线，使其分别与前 $n-1$ 条直线相交于不同点，每有一个交点就多一个平面，最后一个交点之外还会增加一个平面。故，$f(n)=f(n-1)+n$。

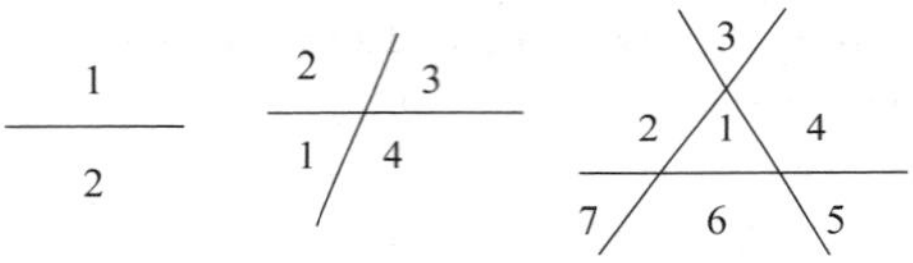

图 6.14 n 条直线最多可以划分的平面个数示意图

函数 $f(n)$ 如下所示：

$$f(n)\begin{cases}2, & n=1 \\ f(n-1)+n, & n>1\end{cases}$$

【平面划分代码】

```
#include<iostream>
using namespace std;
int f(int n) {
    //基本递归
    if(n==1) {
        return 2;
    } else {
        return  f(n-1)+n;
    }
}
int main(void) {
    cout<<f(10)<<endl;
    return 0;
}
```

6.5.5　切面条

【题意】　一根拉面,中间切一刀,可以得到 2 根面条。如果先对折 1 次,中间切一刀,可以得到 3 根面条。如果连续对折 2 次,中间切一刀,可以得到 5 根面条。那么,连续对折 10 次,中间切一刀,会得到多少面条呢?

【解析】　对折 0 次,得到 2 根,即 $f(0)=2$;对折 1 次,得到 $2\times2-1=3$,即 $f(1)=3=2\times f(0)-1$;对折 2 次,得到 $3\times2-1=5$,即 $f(2)=5=2\times f(1)-1$……推出递归式: $f(n)=2\times f(n-1)-1$。

【切面条代码】

```
#include<iostream>
using namespace std;
int f(int n) {
    //基本递归
    if(n==1) {
        return 2;
    } else {
        return 2 * f(n-1)-1;
    }
}
int main(void) {
    cout<<f(10)<<endl;
    return 0;
}
```

上面采用基本递归实现,下面采用尾递归。尾递归在一定程度上可以提高程序效率,通常比基本递归多一个参数。

```
#include<iostream>
    using namespace std;
    int f2(int n,int r) {
        //尾递归
        if(n==1) {
            return r;
        } else {
            return f2(n-1,2 * r-1);
        }
    }
    int main(void) {
        cout<<f2(10,2)<<endl;
        return 0;
    }
```

6.5.6 全排列问题

【问题描述】 设计一个递归算法生成 n 个无重复元素 $\{r_1,r_2,r_3,\cdots,r_n\}$ 的全排列。

【解析】 从 n 个互不相同的元素中任取 $m(m\leqslant n)$ 个元素,按照一定的顺序排列起来,叫做从 n 个不同元素中取出 m 个元素的一个排列。当 $m=n$ 时所有的排列情况叫无重复元素的全排列。如 1、2、3 三个元素的全排列为:$\{1,2,3\}$、$\{1,3,2\}$、$\{2,1,3\}$、$\{2,3,1\}$、$\{3,1,2\}$、$\{3,2,1\}$,共 3!$=$6 种排列方式。如果有个 n 元素,则有 $n!$ 种排列方式。

全排列问题表面上不像 Fibonacci 数列那样有明显的递归结构,但其蕴含着递归结构。以 1、2、3 三个元素的全排列为例分析如下:

- 1 的全排列为:1
- 1、2 的全排列为:$\{1,2\}$、$\{2,1\}$
- 1、2、3 的全排列为:

$\{1,2,3\}$、$\{1,3,2\}$:是 $\{2,3\}$ 的全排列加上 1 所得;

$\{2,1,3\}$、$\{2,3,1\}$:是 $\{1,3\}$ 的全排列加上 2 所得;

$\{3,1,2\}$、$\{3,2,1\}$:是 $\{1,2\}$ 的全排列加上 3 所得;

由此可以得到一个结论:3 个元素的全排列问题可转化为求 2 个元素的全排列问题。按照这种方式推广可得,n 个元素的全排列问题可转化为求 $n-1$ 个元素的全排列问题。显然全排列问题具有递归结构,可以采用递归程序设计。

用数学语言来描述全排列的递归算法:设 $R=\{r_1,r_2,r_3,\cdots,r_n\}$ 是要进行排列的 n 个元素,$R_i=R-\{r_i\}$。集合 X 中元素的全排列记为 $\mathrm{perm}(X)$。$(r_i)\mathrm{perm}(X)$ 表示在全排列 $\mathrm{perm}(X)$ 的每一个排列前加上前缀得到的排列。

R 的全排列可归纳定义如下:

- 当 $n=1$ 时,$\mathrm{perm}(R)=(r)$,其中 r 是集合 R 中唯一的元素;
- 当 $n>1$ 时,$\mathrm{perm}(R)$ 由 $(r_1)\mathrm{perm}(R_1)$,$(r_2)\mathrm{perm}(R_2)$,$\cdots$,$(r_n)\mathrm{perm}(R_n)$ 构成。

以 1、2、3 三个元素的全排列为例说明上述的递归算法执行过程:设 $R=\{1,2,3\}$,则 $n=3$,根据上述算法,产生的全排列为:

$$1\{2,3\} \rightarrow 2\{3\}\ 3\{2\}$$
$$2\{1,3\} \rightarrow 1\{3\}\ 3\{1\}$$
$$3\{1,2\} \rightarrow 1\{2\}\ 2\{1\}$$

(对集合 $\{2,3\}$、$\{1,3\}$、$\{1,2\}$ 继续执行递归算法)

最终得到全部的排列,算法规律是"全排列是从第一个元素起每个元素分别与它后面的元素交换"。

【无重复元素全排列代码】

```c
#include<stdio.h>
#include<stdlib.h>
#include<string.h>
```

```
//交换两个字符
void SwapChar(char * a,char * b)
{
  char t;
  t= * a;
  * a= * b;
  * b=t;
}


//全排列实现,k表示当前选取到第几个元素,m表示共有多少元素
void FullPermutation(char * pe,int k,int m)
{
  if (k==m)
  {
    static int it=1;
    printf("<第%3d个排列>:%s\n",it++,pe);
  }
  else
  {
    //第i个元素分别与它后面的元素交换就能得到新的排列
    for (int i=k;i<=m;i++)
    {
      SwapChar(pe+k,pe+i);
      FullPermutation(pe,k+1,m);
      SwapChar(pe+k,pe+i);
    }
  }
}


void main(void)
{
  char szTextStr[]="123";
  printf("%s的全排列如下:\n\n",szTextStr);
  FullPermutation(szTextStr,0,strlen(szTextStr)-1);
  printf("\n\n");

  //等待用户输入任意一键返回...
  system("PAUSE");
}
```

图 6.15 给出了一个运行结果示例。

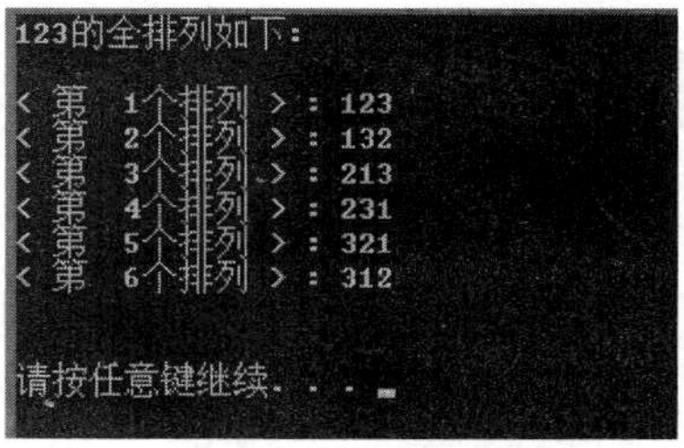

图 6.15　无重复元素全排列运行结果示例

6.5.7 整数划分问题

【问题描述】 将正整数 n 表示成一系列正整数之和：$n=n_1+n_2+\cdots+n_k$，其中 $n_1\geqslant n_2\geqslant\cdots\geqslant n_k\geqslant 1,(k\geqslant 1)$。正整数 n 的这种表示称为正整数 n 的划分。求正整数 n 的不同划分个数。

【解析】 先通过一个例子来看整数划分问题。例如正整数 6 有如下 11 种不同的划分：6、5+1、4+2、4+1+1、3+3、3+2+1、3+1+1+1、2+2+2、2+2+1+1、2+1+1+1+1、1+1+1+1+1+1。也可以采用如下方式表示 6 的 11 个划分：$\{6\}$、$\{5,1\}$、$\cdots$、$\{1,1,1,1,1,1\}$。由于要求 $n_1\geqslant n_2\geqslant\cdots\geqslant n_k\geqslant 1$，所以像 1+5、2+4 这类划分不会出现。将正整数 n 的不同划分个数称为正整数 n 的划分数，记作 $p(n)$，如上述 $p(6)=11$。

整数划分问题表面无明显的递归结构，但仔细观察上述 6 的划分例子，6=3+3 又包含了整数 3 的划分问题，也即大问题中包含了类似的小问题的求解，所以该问题具有递归结构。采用如下方法设计整数划分问题的递归算法：

如果 $\max\{n_1,n_2,\cdots,n_k\}\leqslant m$，则称划分 $n=n_1+n_2+\cdots+n_k$ 是 n 的 m 划分，记为 $q(n,m)$。对于正整数划分问题而言，$m=n$，即 $q(n,n)$。如 $q(4,2)$，$n=4,m=2$ 的划分可以是：$2+2$、$2+1+1$、$1+1+1+1$。

如果 $q(n,m)$ 可以计算，则原问题迎刃而解。根据 n 和 m 的关系，考虑以下几种情况：

(1) 当 $n=1$ 时，不论 m 的值为多少($m>0$)，只有一种划分即 $\{1\}$；

(2) 当 $m=1$ 时，不论 n 的值为多少，只有一种划分即 n 个 1，$\{1,1,1,\cdots,1\}$；

(3) 当 $n=m$ 时，根据划分中是否包含 n，可以分为两种情况：

(3-1)划分中包含 n 的情况，只有一个即 $\{n\}$；

(3-2)划分中不包含 n 的情况，这时划分中最大的数字也一定比 n 小，即 n 的所有 $n-1$ 划分(说明：此时令 $m=n-1$，使用上述 $q(n,m)$ 的定义，即 $\max\{n_1,n_2,\cdots,n_k\}\leqslant n-1$)；

综合两种情况得：$q(n,m)=q(n,n)=1+q(n,n-1)$；

(4) 当 $n<m$ 时，由于划分中不可能出现负数，因此就相当于 $q(n,n)$；

(5) 当 $n>m$ 时，根据划分中是否包含最大值 m，分为以下两种情况：

(5-1)划分中包含 m 的情况，即 $\{m,\{n_1,n_2,\cdots,n_i\}\}$，其中 $\{n_1,n_2,\cdots,n_i\}$ 的和为 $n-m$，由于 $\max\{n_1,n_2,\cdots,n_i\}\leqslant m$ 是可以成立的(如 7=3+3+1，其中 $n=7,m=3$)，所以可能再次出现 m，即是 $n-m$ 的 m 划分，则划分个数为 $q(n-m,m)$；

(5-2)划分中不包含 m 的情况，则划分中所有值都比 m 小，即 $\max\{n_1,n_2,\cdots,n_k\}\leqslant m-1$，根据 $q(n,m)$ 的定义，划分个数为 $q(n,m-1)$；

综合两种情况得 $q(n,m)=q(n-m,m)+q(n,m-1)$。

$$q(n,m)=\begin{cases}1, & n=1\\1, & m=1\\q(n,n), & n<m\\1+q(n,n-1), & n=m\\q(n-m,m)+q(n,m-1), & n>m\end{cases}$$

【整数划分问题代码】

```
//递归方式计算整数划分问题
unsigned long CalcIntPartitionNum(int n,int m)
{
  if ((n<1) || (m<1)) return 0;
  if ((n==1) || (m==1)) return 1;
  if (n<m) return CalcIntPartitionNum(n,n);
  if (n==m) return (1+CalcIntPartitionNum(n,m-1));
  return (CalcIntPartitionNum(n,m-1)+CalcIntPartitionNum(n-m,m));
}
```

6.6 习题

1. 编写一个计算幂级数的递归函数。

$$x^n = \begin{cases} 1, & n = 0 \\ x \times x^{n-1}, & n > 0 \end{cases}$$

2. 用递归函数求 $s = \sum_{i=1}^{n} i$ 的值。

3. 采用迭代法使用牛顿切线法求解方程。

第7章 分 治 法

分治法是经典的计算机算法,是一种求解大规模问题的有效策略。什么样的问题适于采用分治法解决? 如何用分治法解决问题? 本章将回答这些问题,并给出分治法的一般性理论,包括其解决问题所具备的特征、算法框架以及复杂度分析;同时还将介绍分治法的一些典型实例,如分治法在查找和排序中的应用,乘法中的分治法以及棋盘覆盖问题,以使读者更好地理解这一算法。

7.1 概述

分治法的思想由来已久,我国春秋时期著名的军事家孙武在其名著《孙子兵法》的"势篇"中说道"凡治众如治寡,分数是也;斗众如斗寡,形名是也",意思是"管理大部队与管理小部队原理是一样的,抓住编制员额有异这个特点就行了;指挥大部队战斗与指挥小部队战斗基本原理是一样的,掌握部队建制规模及其相应的名称不同这个特点就行了",这其实就是分治法的基本思想。

由算法复杂性的基本理论可知,采用计算机求解问题所需的计算时间与问题的规模有关。问题规模越小,解题所需的计算时间也越短,也较容易处理;反之则计算时间越长,也较难处理。分治法把一个规模大的问题划分为若干个规模小的问题,划分后的小问题和原始的大问题是同样的问题,而且互相独立,没有关联。这种划分可以一直做下去,直至所有的小问题可以直接求解。然后把所有小问题的解进行合并,最终可以得到原始大问题的解。由此可见,分治法的思想是降低问题的规模,其目的是使问题易于求解。

分治法求解问题时包含两个过程:一是反复把大问题划分为一系列相同且独立的小问题,直至这些小问题可以直接求解为止;二是求解这些小问题并将所有小问题的解合并得到大问题的解。上述第一个过程就是"分",第二个过程则是"治",这也是分治法名称的由来。

在分治法"分"的过程中,由于大问题被划分为一系列相同的小问题,这就为使用递归技术提供了方便。在这种情况下,反复应用分治手段,可以使子问题与原问题类型一致而其规模不断缩小,最终使子问题缩小到很容易求出其解,由此自然引出递归算法。分治与递归像一对孪生兄弟,经常同时应用在算法设计之中,并由此产生许多高效算法。

7.2 从求数组最值谈起

【例7.1】 数组 M 中包含 N 个互不相同的随机非零整数,求 M 中的最大值和最小值。

【分析】 采用遍历法比较数组元素求最值来解决。

【遍历法求数组最值代码】

```c
#include<stdio.h>
#include<stdlib.h>
#include<time.h>

#define ARRAY_SIZE 10
#define TRUE        1
#define FALSE       0

//生成包含 N 个互不相同随机整数的数组...
void CreateRandomIntArray(int * p,int N)
{
  int i,j,kt,IsStop,* pt;

  //生成随机数种子...
  srand((unsigned)time(NULL));

  //生成包含 N 个互不相同随机整数的数组...
  pt=p;
  for(i=0;i<N;i++)
  {
    IsStop=FALSE;
    while(!IsStop)
    {
      kt=rand()+1;//返回一个非 0 的随机数...

      //kt 是否已经存在...
      for(j=0;j<i;j++)
        if (* (pt+j)==kt)//发现重复数...
        break;

      if (i==0)//第 1 个数单独处理...
        IsStop=(* pt !=kt);
      else
        IsStop=(j==i);
    }

    * p++=kt;
  }
}

//采用遍历法查找数组中的最值...
void FindArrayMaxAndMin(int * p,int N,int * MaxNum,int * MinNum)
```

```
{
  int i;

  * MaxNum= * p++;
  * MinNum= * MaxNum;
  for(i=1;i<N;i++)//遍历数组...
  {
    if ( * p> * MaxNum) * MaxNum= * p;
    if ( * p< * MinNum) * MinNum= * p;
    p++;
  }
}

void main(void)
{
  int ArrayData[ARRAY_SIZE];
  int i,MaxNum,MinNum;

  //生成包含 N 个互不相同随机整数的数组...
  CreateRandomIntArray(ArrayData,ARRAY_SIZE);

  //输出随机数组内容...
  for(i=0;i<ARRAY_SIZE;i++)
    printf("%d\n",ArrayData[i]);
  printf("\n");

  //遍历方式查找数组最值...
  FindArrayMaxAndMin(ArrayData,ARRAY_SIZE,&MaxNum,&MinNum);
  printf("<数组最大值>:%d\n",MaxNum);
  printf("<数组最小值>:%d\n",MinNum);
  printf("\n");

  //等待用户输入任意一键返回...
  system("PAUSE");
}
```

图 7.1 给出了一个运行结果示例。

遍历法比较数组元素求最值是最容易想到也是最直观的解法。下面从另外一个角度,即采用分治法的思想来求解数组最值问题。为描述问题方便起见,假定数组 M 中包含 10 个互不相同的整数,如图 7.2 所示。为了求数组 M 的最值,可以把 M 平均划分为 2 个子数组 $M1$ 和 $M2$。如果求得 $M1$ 和 $M2$ 的最值,那么可以通过比较 $M1$ 和 $M2$ 的最值之间的大小来求得 M 的最值。$M1$ 和 $M2$ 数组都只包含 5 个元素,相对于数组 M 的规模已经变小,问题的复杂度降低。求 $M1$ 和 $M2$ 数组的最值和求数组 M 的最值是相同的问

```
9345
32066
856
30968
5535
18314
22743
13231
11034
20595

< 数组最大值 > : 32066
< 数组最小值 > : 856

请按任意键继续. . . _
```

图 7.1　遍历法求数组最值运行结果示例

题，而且求 **M**1 和求 **M**2 数组最值的问题是互相独立的，互不影响。**M**1 和 **M**2 最值不能直接求解，这个划分的过程可以继续下去，如图 7.2 中子数组 **M**1 可以划分为子数组 **M**11 和 **M**12，子数组 **M**12 可以划分为子数组 **M**121 和 **M**122 等。显然划分到子数组 **M**11、**M**121 和 **M**122 时由于子数组中只剩下 1 个或 2 个元素，所以问题可以直接求解，最大值和最小值就是这个元素（子数组含 1 个元素）或通过直接比较得到（子数组含 2 个元素）。这就是分治法中"分"的过程。

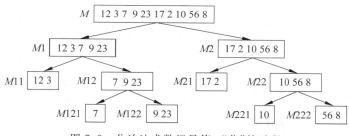

图 7.2　分治法求数组最值："分"的过程

图 7.2 中得到可以直接求解的子数组后，问题还没有解决，因为仅仅只知道各个子数组的最值，数组 **M** 的最值仍然不知道。这时候需要合并各个子数组的解来得到数组 **M** 的最值，这个过程是分治法中"治"的过程，相邻的子数组求得最值后进行合并，如图 7.3 中的 **M**121 和 **M**122。这个过程一直持续到数组 **M** 的最值求出为止。

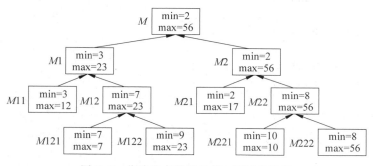

图 7.3　分治法求数组最值："治"的过程

【分治法求数组最值代码】

```
//采用分治法查找数组中的最值...
//kb-(子)数组左边界(begin)
//ke-(子)数组右边界(end)
void FindArrayMaxAndMin(int ArrayData[],int kb,int ke,int * MaxNum,int *
MinNum)
{
  int LMaxNum,LMinNum;
  int RMaxNum,RMinNum;

  if(ke-kb<=1)//(子)数组中有一个或者两个元素...
  {
    if(ArrayData[kb]>ArrayData[ke])
    {
      * MaxNum=ArrayData[kb];
      * MinNum=ArrayData[ke];
    }
    else
    {
      * MaxNum=ArrayData[ke];
      * MinNum=ArrayData[kb];
    }
  }
  else//(子)数组中含有多个元素...
  {
    //数组左半部分 '分治'...
    FindArrayMaxAndMin(ArrayData,kb,kb+(ke-kb)/2,&LMaxNum,&LMinNum);
    //数组右半部分 '分治'...
    FindArrayMaxAndMin(ArrayData,kb+(ke-kb)/2+1,ke,&RMaxNum,&RMinNum);

    //下面是合并过程...
    if(LMaxNum>RMaxNum)
      * MaxNum=LMaxNum;
    else
      * MaxNum=RMaxNum;

    if(LMinNum<RMinNum)
      * MinNum=LMinNum;
    else
      * MinNum=RMinNum;
  }
}
```

其中,main 函数中的调用为

```
FindArrayMaxAndMin(ArrayData,0,ARRAY_SIZE-1,&MaxNum,&MinNum)。
```

运行结果如图 7.4 所示。

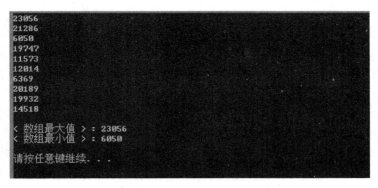

图 7.4　分治法求数组最值运行结果示例

注意：既然例 7.1 中的遍历算法简单且易于理解，为何还要使用比较复杂的分治法求解呢？可以从两个方面进行说明：

一是对查找数组最值这个问题从分治法角度出发便于读者理解分治法的基本思想，有助于开阔读者的思路；

二是当问题规模很大时，分治法会带来算法效率上的提高。

对于第二点说明如下：采用遍历法求数组最值时，首先 n 个数需要两两比较 $n-1$ 次得到数组最小值。除去最小值后数组剩余 $n-1$ 个数，这 $n-1$ 个数需要两两比较 $n-2$ 次得到数组最大值。所以采用遍历法时算法复杂度为 $T(n)=2n-3$。

采用分治法求数组最值时，为方便处理问题，假定数组规模 n 为是 2 的指数倍（$n>1$）。由分治法求数组最值代码可知，其复杂度递推公式为：

$$T(n) = \begin{cases} 1, & n=2 \\ 2T(n/2)+2, & n>2 \end{cases} \qquad (7.1)$$

式(7.1)表明当数组规模 $n=2$ 时，仅需比较 1 次；当数组规模 $n>2$ 时，由于数组要分为 2 个子数组，每个子数组的规模是原来的一半；而且在合并阶段要进行计算最小值和最大值的 2 次比较，所以复杂度为 $2T(n/2)+2$。由式(7.1)，可以推导如下：

$$\begin{aligned} T(n) &= 2[2T(n/2^2)+2]+2 \\ &= 2^2 T(n/2^2)+2^2+2^1 \\ &= 2^2[2T(n/2^3)+2]+2^2+w^1 \\ &= 2^3 T(n/2^3)+2^3+2^2+2^1 \cdots \\ &= 2^k T(n/2^k)+\{2^k+2^{k-1}+\cdots+2^3+2^2+2^1\} \end{aligned} \qquad (7.2)$$

式(7.2)中最后一项为递推第 $k-1$ 次后的关系。显然 $\{2^k+2^{k-1}+\cdots+2^3+2^2+2^1\}$ 构成了等比数列 S，其首项和公比都为 2，根据等比数列求和公式可得 $S=2^{k+1}-2$，将其代入式(7.2)有：

$$T(n) = 2^k T(n/2^k)+2^{k+1}-2 \qquad (7.3)$$

假定递推第 $k-1$ 次后 $T(n/2^k)=T(2)=1$，即 $n/2^k=2$，可得：

$$k = \log_2 n - 1 \qquad (7.4)$$

将式(7.4)代入式(7.3),得:

$$T(n) = 3n/2 - 2 \tag{7.5}$$

式(7.5)说明采用分治求数组最值时,算法复杂度为 $T(n)=3n/2-2$。可见遍历法和分治法在求数组最值时的复杂度量级都是 $O(n)$,分治法没有带来算法效率上的量级提高。但分治法的复杂度比遍历法要略低一些,当数组规模 n 很大时,分治法相比遍历法还是会有效率上的提高。

【例 7.2】 某互联网公司有 M 名员工,员工的工资在 5000 元至 13 000 元之间。请用分治法设计一个算法,统计工资在 6000 元(含)至 10 000 元(含)之间的员工数目。

【分析】 与求数组最值问题一样,这个问题可以采用遍历法,也可以采用分治法,并且其处理方式和求数组最值问题完全类似,即不断将员工工资数组划分为子数组直至子数组中仅包含 1 个元素("分"的过程),然后判断这个元素是否在 6000 元(含)至 10 000 元(含)之间,如果是则返回 1,否则返回 0;之后不断累加这些返回值("治"的过程)得到最终结果。

【分治法统计员工数目代码】

```
//采用分治法统计员工数目...
int CountEmployeeNum(int ArrayData[],int kb,int ke)
{
  int LNum,RNum;
  if(ke==kb)//(子)数组中仅有一个元素...
    return ((ArrayData[kb]>=6000) & (ArrayData[kb]<=10000));
  else//(子)数组中含有多个元素...
  {
    LNum=CountEmployeeNum(ArrayData,kb,kb+(ke-kb)/ 2);
    RNum=CountEmployeeNum(ArrayData,kb+(ke-kb)/ 2+1,ke);
    return (LNum+RNum);
  }
}
```

7.3 算法框架

分治法所能解决的问题一般具有如下特征:
(1) 问题规模缩小到一定程度可以容易地解决。
问题的计算复杂性一般是随着问题规模的增加而增加,如果问题的规模足够小则可以直接求解。如 7.2 节中求数组最值问题,当子数组中包含 1 个或 2 个元素时,可以直接求解。
(2) 问题可以分解为若干个规模较小的相同问题。
这个特性决定了分治法中使用递归算法。如 7.2 节中求数组最值问题,把规模为 n 的数组划分为 2 个规模为 $n/2$ 的子数组。求子数组最值问题和原问题完全相同,只不过是规模变小了。

（3）问题分解出的各个子问题是相互独立的,即子问题中不包含公共子问题。

这条特征涉及分治法的效率。如果子问题不独立,则分治法要做许多不必要的工作,重复地解公共子问题。此时虽然也可用分治法,但一般用动态规划较好。把规模为 n 的数组划分为 2 个规模为 $n/2$ 的子数组,2 个子数组各自求解其最值问题,之间没有任何关系。

（4）子问题的解可以合并得到原问题的解。

这个特征非常重要,能否利用分治法完全取决于问题是否具有这条特征。如 7.2 节中求数组最值问题,各个子数组的解最终通过相互比较、合并可以确定原问题的解。

由前述可知,分治法的出发点是将大问题划分成小问题以降低问题规模和难度,从而利于求解。从 7.2 节的两个例子可以看出,分治法把一个规模为 n 的问题分解为 k 个规模较小的子问题,这些子问题互相独立且与原问题相同。递归地解这些子问题,然后将各个子问题的解合并得到原问题的解。

【分治法的算法框架代码】

```
//分治法的算法框架...
divide-and-conquer(P)
{
  if (| P |<=n0) adhoc(P);
  divide P into smaller subinstances P1,P2,…,Pk;
  for (i=1,i<=k,i++)
    yi=divide-and-conquer(Pi);
  return merge(y1,y2,...,yk);
}
```

上述代码中 $|P|$ 表示问题 P 的规模。n_0 为阈值,表示当问题 P 的规模不超过 n_0 时,问题已容易解出,不必再继续分解。adhoc(P)是该分治法中的基本子算法,用于直接解小规模的问题 P。当 P 的规模不超过 n_0 时,直接用算法 adhoc(P)求解。算法 merge $(y_1,y_2,\cdots,y_k)$ 是该分治法中的合并子算法,用于将 P 的子问题 $P_1,P_2,\cdots,P_k$ 的解 $y_1,y_2,\cdots,y_k$ 合并为 P 的解。以 7.2 节中求数组最值为例,n_0 为 1 或 2（划分后的子数组中只剩下 1 个或 2 个元素）;adhoc(P)是通过比较返回子数组最值;merge$(y_1,y_2,\cdots,y_k)$ 是比较两个子数组最值来得到上一层子数组最值,进而得到最终解,其中 y_i 是子问题（子数组）P_i 的解。

分治法是把一个规模为 n 的问题分解为 k 个规模较小的子问题,那么 k 值取多少合适呢? 也就是说,应该把原问题划分为多少个子问题合适? 每个子问题的规模应当多大? 由于实际情况千变万化,这些问题很难从理论上分析回答。大量实践表明在用分治法设计算法时,最好使子问题的规模大致相同,即将一个问题划分成大小相等的 k 个子问题的处理方法行之有效。许多问题可以取 $k=2$（如 7.2 节中的两个例子）。这种使子问题规模大致相等的做法是出自一种"平衡子问题"的思想,它几乎总是比子问题规模不等的做法要好。

从分治法的算法框架可以看出,用它设计出的程序一般是递归算法。假定分治法将

规模为 n 的问题分解为 k 个规模为 n/m 的子问题，设分解阈值 $n_0=1$，且 adhoc(P) 解规模为 1 的问题耗费 1 个单位时间。再设将原问题分解为 k 个子问题以及用 merge(y_1, y_2, $\cdots y_k$) 将 k 个子问题的解合并为原问题的解需用 $f(n)$ 个单位时间。用 $T(n)$ 表示该分治法解规模为 $|P|=n$ 的问题所需的计算时间，则有：

$$T(n) = \begin{cases} O(1), & n=1 \\ kT(n/m)+f(n), & n>1 \end{cases} \tag{7.6}$$

采用和公式(7.2)类似的推导方法可得：

$$\begin{aligned} T(n) &= k[kT(n/m^2)+f(n/m)]+f(n) \\ &= k^2 T(n/m^2)+k^1 f(n/m^1)+k^0 f(n/m^0) \\ &= k^2[kT(n/m^3)+f(n/m^2)]+k^1 f(n/m^1)+k^0 f(n/m^0) \\ &= k^3 T(n/m^3)+k^2 T(n/m^2)+k^1 f(n/m^1)+k^0 f(n/m^0) \\ &\cdots \\ &= k^p T(n/m^p)+\sum_{j=0}^{p-1} k^j f(n/m^j) \end{aligned} \tag{7.7}$$

公式(7.7)的最后一项为递推第 $p-1$ 次后的等式。假定递推第 $p-1$ 次后 $T(n/m^p)=T(1)=O(1)$，即 $n/m^p=1$，等式两边同时取以 m 为底的对数可得 $p=\log_m n$。为简便起见，令 $O(1)=1$。代入公式(7.7)得：

$$T(n) = k^{\log_m n}+\sum_{j=0}^{\log_m n-1} k^j f(n/m^j) \tag{7.8}$$

因为 $k^{\log_m n}=n^{\log_m k}$，公式(7.8)还可以改写为公式(7.9)：

$$T(n) = n^{\log_m k}+\sum_{j=0}^{\log_m n-1} k^j f(n/m^j) \tag{7.9}$$

下面对 $k^{\log_m n}=n^{\log_m k}$ 进行证明：

【证明】 令 $k^{\log_m n}=x$，两边同时取以 m 为底的对数，可得 $\log_m n \times \log_m k=\log_m x$，根据对数换底公式有 $\log_m k=\log_k x/\log_m n=\log_n x$，进而有 $n^{\log_m k}=n^{\log_n x}$。因为对数具有性质 $a=b^{\log_b a}$，所以 $n^{\log_n x}=x$。则根据已知有 $n^{\log_m k}=n^{\log_n x}=x=k^{\log_m n}$。得证。

式(7.9)是分治法通用复杂度计算公式。

7.4 查找与排序中的分治法

查找与排序是程序中最基础的操作，任何一个计算机程序在运行时都会涉及大量的查找与排序工作。二分查找和快速排序是基于分治法的高效查找与排序算法。

7.4.1 二分查找算法

假定有已排好序(升序)的 n 个元素 $a[0..n-1]$，要在这 n 个元素中找出特定元素 x。最直接的方法是顺序搜索，逐个比较 $a[0..n-1]$ 中的元素，直至找出 x 或者搜索完整个数组后确定 x 不在其中。顺序搜索算法的缺点是没有很好地利用 n 个元素已排好序这个条件。在最坏的情况下,顺序搜索算法需要 $O(n)$ 次比较。

二分搜索法是一个充分利用元素间次序关系的高效搜索算法。它的基本思想是把数组分为大致相同的两半,比较待查找元素和数组中间元素。如果没找到则根据待查找元素和数组中间元素之间的大小关系按照相同的策略继续在数组前半部分或后半部分进行查找。在已排好序的数组中使用二分搜索法满足使用分治策略求解问题的特征:

(1) 如果 $n=1$ 即数组中只有一个元素,则只要比较这个元素和 x 就可以确定 x 是否在数组中。因此这个问题满足分治法的第一个适用条件:该问题的规模缩小到一定的程度就可以容易地解决。

(2) 比较 x 和数组 a 的中间元素 $a[mid]$:若 $x=a[mid]$,则 x 在数组中的位置就是 mid;如果 $x<a[mid]$,由于 a 是升序,因此假如 x 在 a 中,x 必然排在 $a[mid]$ 的前面。所以只要在 $a[mid]$ 的前面查找 x 即可;如果 $x>a[mid]$,同理只要在 $a[mid]$ 的后面查找 x 即可。无论是在前面还是在后面查找 x,其方法都和在 a 中查找 x 一样,只不过是查找的规模缩小了。这说明此问题满足分治法的第二个适用条件:该问题可以分解为若干个规模较小的相同问题。

(3) 待求解的问题是从数组中找到 x。在各个子数组中,无论能否找到 x,显然这些结果是可以合并得到最终解的。所以此问题满足分治法的第三个适用条件:分解出的子问题的解可以合并为原问题的解。

(4) 很显然此问题分解出的子问题相互独立,即在 $a[mid]$ 的前面或后面查找 x 是独立的子问题,因此满足分治法的第四个适用条件:分解出的各个子问题是相互独立的。

二分搜索法可在最坏情况下用 $O(\log n)$ 时间完成搜索任务。

【基于分治策略的二分查找算法代码】

```
//基于分治策略的二分查找算法...
int BinarySearch(int ArrayData[],int left,int right,int * x)
{
  if (left>right) return-1;
  int middle=(left+right)/ 2;
  if (* x==ArrayData[middle]) return middle;
  if (* x>ArrayData[middle])
    return BinarySearch(ArrayData,middle+1,right,x);
  else
    return BinarySearch(ArrayData,left,middle-1,x);
}
```

7.4.2 快速排序算法

排序是一种基本操作,其目的是使一串记录按照其中的某个或某些关键字的大小,递增或递减排列。如用百度引擎搜索网页,搜索结果就是排序后的结果。在这种搜索中各个网页就是记录,按照某种算法计算网页和用户检索要求之间的“相关度”就是关键字,搜索结果按照“相关度”对网页进行排列,如图 7.5(a)所示。京东商城可以根据用户的浏览记录向用户推荐商品,如图 7.5(b)所示,这也是排序算法处理的结果。

(a) 百度网页搜索结果排序

(b) 京东商城商品推荐结果排序

图 7.5 网站搜索结果

快速排序算法是基于分治策略的一种排序算法。在快速排序中,记录的比较和交换是从两端向中间进行的。关键字较大的记录一次就能交换到后面单元,关键字较小的记录一次就能交换到前面单元。记录每次移动的距离较大,总的比较和移动次数较少。相对于其他比较类排序算法(如冒泡排序)快速排序算法速度快,这也是它名字的由来。

排序子数组 $a[p:r]$,快速排序的基本思想如下:

(1) 分解。以 $a[p]$ 为基准元素将 $a[p:r]$ 分成 3 段:$a[p:q-1]$、$a[q]$ 和 $a[q+1:r]$。满足条件:$a[p:q-1]$ 中任何一个元素小于或等于 $a[q]$;$a[q+1:r]$ 中任何一个元素大于或等于 $a[q]$。下标 q 在划分过程中确定。

(2) 递归求解。通过递归调用快速排序算法分别对 $a[p:q-1]$ 和 $a[q+1:r]$ 进行排序。

（3）合并。对 $a[p\colon q-1]$ 和 $a[q+1\colon r]$ 的排序在各自的范围内进行，因此排好序后不需任何运算整个数组 $a[p\colon r]$ 即完成排序。

上述算法的关键是设计一个函数 Partition，其功能是以一个确定的基准元素 $a[p]$ 对子数组 $a[p\colon r]$ 进行划分，它是整个排序算法的关键。函数 Partition 的主要功能是将小于基准元素的元素放在原数组的左半部分，而将大于基准元素的元素放在原数组的右半部分。Partition 函数的代码如下：

【快速排序算法中的分区函数设计代码】

```
void SwapData(int * a,int * b)
{
  int temp= * a;
  * a= * b;  * b=temp;
}


//快速排序算法中的分区函数...
int Partition(int ArrayData[],int low,int high)
{
  int temp=ArrayData[low],i=low,j=high;

  while(i<j)
  {
   while((ArrayData[j]>=temp) && (i<j)) j--;
   if (i<j) { SwapData(&ArrayData[i],&ArrayData[j]);i++;}

   while((ArrayData[i]<=temp) && (i<j)) i++;
   if (i<j) { SwapData(&ArrayData[i],&ArrayData[j]);j--;}
  }
  return i;
}
```

快速排序算法的性能取决于划分的对称性。通过修改函数 Partition，可以设计出采用随机选择策略的快速排序算法。在快速排序算法的每一步中，当数组还没有被划分时，可以在 $a[p\colon r]$ 中随机选出一个元素作为划分基准，这样可以使划分基准的选择是随机的，从而可以期望划分是较对称的。

【快速排序算法代码】

```
//产生随机划分...
int RandomizedPartition(int ArrayData[],int p,int r)
{
 //生成随机数种子...
 srand((unsigned)time(NULL));

 int i=p+rand()%(r-p);//产生 p 和 r 之间的一个随机整数...
```

```
//将随机选择的元素作为划分基准元素...
SwapData(&ArrayData[i],&ArrayData[p]);

return Partition(ArrayData,p,r);
}

//随机选择策略快速排序算法...
void RandomizedQuickSort(int ArrayData[],int p,int r)
{
  if (p<r)
  {
    int q=RandomizedPartition(ArrayData,p,r);
    RandomizedQuickSort(ArrayData,p,q-1);//对左半段排序...
    RandomizedQuickSort(ArrayData,q+1,r);//对右半段排序...
  }
}
```

7.5 乘法中的分治法

7.5.1 大整数乘法

许多应用场合需要处理很大的整数,这些整数计算机硬件无法直接表示。用浮点数只能近似表示它的大小,计算结果中的有效数字也受到限制。若要精确表示大整数并在计算结果中要求精确得到所有位数上的数字,就必须用软件的方法来实现大整数的算术运算。大整数运算首先要解决大整数的表示,最直接的做法是采用数组来表示大整数。数组中的每个元素代表大整数的一位。如大整数 $A=12345678987654321$,可以采用如图 7.6 所示的表示方法。

$a17$	$a16$	$a15$	$a14$	$a13$	$a12$	$a11$	$a10$	$a9$	$a8$	$a7$	$a6$	$a5$	$a4$	$a3$	$a2$	$a1$
1	2	3	4	5	6	7	8	9	8	7	6	5	4	3	2	1

图 7.6 大整数的数组表示法

图 7.6 的方式可以有效表示大整数,而且其所能表示的大整数大小只受限于计算机存储空间。但缺点是用一个整数表示每一位会造成空间浪费。为了克服这一弊端,可以采用位(bit)方式来表示大整数。如 $X=8985$,则其二进制为:10001100011001(14 位的二进制整数)。X 中的每一位数字如果用一个整数来表示需要 16 个字节(假定是 32 位机器);如果用二进制"位"的方式表示则不到 2 个字节(14 位)。

为了设计大整数乘法算法,先对位方式表示的大整数结构做一分析:将 n 位二进制整数 X 和 Y 各分为 2 段,每段的长为 $n/2$ 位(为简单起见,假设 n 是 2 的幂),如图 7.7 所示,有 $X=A\times 2^{n/2}+B, Y=C\times 2^{n/2}+D$。举例如下,令 $X=(28)d=(0001\ 1100)b$,则

图 7.7 大整数的位表示法

$A=(0001)\mathrm{b}=(1)\mathrm{d}, B=(1100)\mathrm{b}=(12)\mathrm{d}, n=8$（上面 d 表示十进制，b 表示二进制，下同），$X=A\times 2^{n/2}+B=1\times 2^{n/2}+12=28$。

根据图 7.7 的表示方法，大整数 X 和 Y 的乘积为 $X\times Y=(A\times 2^{n/2}+B)\times(C\times 2^{n/2}+D)=(A\times C)2^{n}+(A\times D+C\times B)2^{n/2}+B\times D$。这样将原来的问题转换为 4 个子问题，即将大整数乘法 $X\times Y$ 转换为 4 个小规模的大整数乘法 $A\times C$、$A\times D$、$C\times B$ 和 $B\times D$，因此可以考虑使用分治法。

如果按上式计算 $X\times Y$，则必须进行 4 次 $n/2$ 位整数的乘法 $A\times C$、$A\times D$、$C\times B$ 和 $B\times D$，以及 3 次不超过 n 位的整数加法（分别对应于上式中的加号）。此外还要做 2 次移位（分别对应于上式中乘 2^{n} 和乘 $2^{n/2}$）。假定所有这些加法和移位共用 $O(n)$ 步运算。设 $T(n)$ 是 2 个 n 位整数相乘所需的运算总数，则有：

$$T(n)=\begin{cases} O(1), & n=1 \\ 4T(n/2)+O(n), & n>1 \end{cases} \tag{7.10}$$

使用分治法通用复杂度计算公式(7.9)，参数为 $k=4, m=2, f(n)=O(n)$，代入式(7.9)，略去次要项，可得 $T(n)=O(n^2)$。可见该算法复杂性还是很高的。根据算法复杂性的理论可知，要想降低计算复杂度，必须减少乘法次数。为此可以把 $X\times Y$ 写成另一种形式：$X\times Y=(A\times C)2^{n}+[(A-B)\times(D-C)+A\times C+B\times D]2^{n/2}+B\times D$。此式虽然看起来更复杂些，但它仅需做 3 次 $n/2$ 位整数的乘法 $A\times C, B\times D$ 和 $(A-B)\times(D-C)$，6 次加、减法和 2 次移位。由此可得复杂性递推公式：

$$T(n)=\begin{cases} O(1), & n=1 \\ 3T(n/2)+O(n), & n>1 \end{cases} \tag{7.11}$$

同样使用分治法通用复杂度计算公式(7.9)，参数为 $k=3$、$m=2$、$f(n)=O(n)$，代入略去次要项，可得 $T(n)=O(n^{\log 3})=O(n^{1.59})$。可见新算法复杂度降低，是一个较大的改进。

【大整数乘法分治算法代码】

```
//大整数乘法分治法算法...
#define SIGN(A) ((A>0)? 1 :-1)
int MultiplyBigInt(int X,int Y,int N)
{
  int sign=SIGN(X) * SIGN(Y);
  int x=abs(X);
  int y=abs(Y);

  int XL=x/ (int)pow(10.,(int)N/ 2);
  int XR=x-XL * (int)pow(10.,N/ 2);
  int YL=y/ (int)pow(10.,(int)N/ 2);
  int YR=y-YL * (int)pow(10.,N/ 2);

  int XLYL=MultiplyBigInt(XL,YL,N/ 2);
  int XRYR=MultiplyBigInt(XR,YR,N/ 2);
  int XLYRXRYL=MultiplyBigInt(XL-XR,YR-YL,N/ 2)+XLYL+XRYR;
```

```
    return sign * (XLYL * (int)pow(10.,N)+XLYRXRYL * (int)pow(10.,N/ 2)+XRYR);
}
```

7.5.2 Strassen 矩阵乘法

矩阵乘法是最常见的运算,在科学和工程领域中有着非常广泛的应用。两个方阵相乘 $C_{n\times n}=A_{n\times n}\times B_{n\times n}$,计算规则为:

$$
\begin{bmatrix} c_{11} & c_{12} & \cdots & c_{1n} \\ c_{21} & c_{22} & \cdots & c_{2n} \\ \vdots & \vdots & & \vdots \\ c_{n1} & c_{n2} & \cdots & c_{nn} \end{bmatrix} = \begin{bmatrix} a_{11} & a_{12} & \cdots & a_{1n} \\ a_{21} & a_{22} & \cdots & a_{2n} \\ \vdots & \vdots & & \vdots \\ a_{n1} & a_{n2} & \cdots & a_{nn} \end{bmatrix} \times \begin{bmatrix} b_{11} & b_{12} & \cdots & b_{1n} \\ b_{21} & b_{22} & \cdots & b_{2n} \\ \vdots & \vdots & & \vdots \\ b_{n1} & b_{n2} & \cdots & b_{nn} \end{bmatrix}, c_{ij} = \sum_{k=1}^{n} a_{ik}b_{kj}
$$

$$(7.12)$$

根据式(7.12)计算矩阵 C 的每一个元素 c_{ij},需要做 n 次乘法和 $n-1$ 次加法(因为是 n 个元素相加,所以是 $n-1$ 次加法)。求出矩阵 C 的 n^2 个元素所需的计算复杂度为 $O(n^3)$。

为了降低计算复杂度,用如下的分治策略求解矩阵乘法:假设 n 是 2 的幂(如果不满足这个条件,可将矩阵补 0 使之满足。运算结束后仅取回对应的非 0 元素),将上述矩阵 A、B 和 C 中每一矩阵都分块成为 4 个大小相等的子矩阵,每个子矩阵都是 $n/2\times n/2$ 的方阵。由此可将 $C=A\times B$ 重写为:

$$
\begin{bmatrix} C_{11} & C_{12} \\ C_{21} & C_{22} \end{bmatrix} = \begin{bmatrix} A_{11} & A_{12} \\ A_{21} & A_{22} \end{bmatrix} \begin{bmatrix} B_{11} & B_{12} \\ B_{21} & B_{22} \end{bmatrix}
$$

$$(7.13)$$

可得 $C_{11}=A_{11}B_{11}+A_{12}B_{21}$,$C_{12}=A_{11}B_{12}+A_{12}B_{12}$,$C_{21}=A_{21}B_{11}+A_{22}B_{21}$,$C_{22}=A_{21}B_{12}+A_{22}B_{22}$。这样就把原来的大问题变成了小规模的相同问题。如果 $n=2$,则 2 个 2 阶方阵的乘积可以直接用式(7.13)计算,共需 8 次乘法和 4 次加法。当子矩阵的阶大于 2 时,为求 2 个子矩阵的积,可以继续将子矩阵分块,直到子矩阵的阶降为 2。这样就产生了一个分治降阶的递归算法。依此算法,计算 2 个 n 阶方阵的乘积转化为计算 8 个 $n/2$ 阶方阵的乘积和 4 个 $n/2$ 阶方阵的加法。$n/2\times n/2$ 阶矩阵的加法显然可以在 $O(n^2)$ 时间内完成(包含 n^2 个元素)。则上述分治法的计算时间耗费 $T(n)$ 应该满足:

$$
T(n) = \begin{cases} O(1), & n=2 \\ 8T(n/2)+O(n^2), & n>2 \end{cases}
$$

$$(7.14)$$

使用分治法通用复杂度计算公式(7.9)计算:$m=2,k=8$,略去复杂度表达式中的低阶项可得 $T(n)=O(n^3)$。因此上述算法并不比用原始矩阵乘法更有效率。和大整数乘法求解策略类似,既然矩阵乘法耗费的时间要比矩阵加减法耗费的时间多,要想降低矩阵乘法的计算复杂度,必须减少子矩阵乘法运算的次数。

Strassen 提出了一种新的算法来计算 2 个 2 阶方阵的乘积,只需 7 次乘法运算,但增加了加、减法的运算次数。这 7 次乘法是:

$$\begin{cases} \boldsymbol{M}_1 = \boldsymbol{A}_{11} \times (\boldsymbol{B}_{12} - \boldsymbol{B}_{22}) \\ \boldsymbol{M}_2 = (\boldsymbol{A}_{11} + \boldsymbol{A}_{12}) \times \boldsymbol{B}_{22} \\ \boldsymbol{M}_3 = (\boldsymbol{A}_{21} + \boldsymbol{A}_{22}) \times \boldsymbol{B}_{11} \\ \boldsymbol{M}_4 = \boldsymbol{A}_{22} \times (\boldsymbol{B}_{21} - \boldsymbol{B}_{11}) \\ \boldsymbol{M}_5 = (\boldsymbol{A}_{11} + \boldsymbol{A}_{22}) \times (\boldsymbol{B}_{11} + \boldsymbol{B}_{22}) \\ \boldsymbol{M}_6 = (\boldsymbol{A}_{12} - \boldsymbol{A}_{22}) \times (\boldsymbol{B}_{21} + \boldsymbol{B}_{22}) \\ \boldsymbol{M}_7 = (\boldsymbol{A}_{11} - \boldsymbol{A}_{21}) \times (\boldsymbol{B}_{11} + \boldsymbol{B}_{12}) \end{cases} \tag{7.15}$$

做了这 7 次乘法后,再做若干次加、减法就可以得到:

$$\begin{cases} \boldsymbol{C}_{11} = \boldsymbol{M}_5 + \boldsymbol{M}_4 - \boldsymbol{M}_2 + \boldsymbol{M}_6 \\ \boldsymbol{C}_{12} = \boldsymbol{M}_1 + \boldsymbol{M}_2 \\ \boldsymbol{C}_{21} = \boldsymbol{M}_3 + \boldsymbol{M}_4 \\ \boldsymbol{C}_{22} = \boldsymbol{M}_5 + \boldsymbol{M}_1 - \boldsymbol{M}_3 - \boldsymbol{M}_7 \end{cases} \tag{7.16}$$

以上计算的正确性很容易验证。例如:

$$\begin{aligned} \boldsymbol{C}_{11} &= \boldsymbol{M}_5 + \boldsymbol{M}_4 - \boldsymbol{M}_2 + \boldsymbol{M}_6 \\ &= (\boldsymbol{A}_{11} + \boldsymbol{A}_{22})(\boldsymbol{B}_{11} + \boldsymbol{B}_{22}) + \boldsymbol{A}_{22}(\boldsymbol{B}_{21} - \boldsymbol{B}_{11}) - (\boldsymbol{A}_{11} + \boldsymbol{A}_{12})\boldsymbol{B}_{22} + (\boldsymbol{A}_{12} - \boldsymbol{A}_{22})(\boldsymbol{B}_{21} + \boldsymbol{B}_{22}) \\ &= \boldsymbol{A}_{11}\boldsymbol{B}_{11} + \boldsymbol{A}_{11}\boldsymbol{B}_{22} + \boldsymbol{A}_{22}\boldsymbol{B}_{11} + \boldsymbol{A}_{22}\boldsymbol{B}_{22} + \boldsymbol{A}_{22}\boldsymbol{B}_{21} - \boldsymbol{A}_{22}\boldsymbol{B}_{11} - \boldsymbol{A}_{11}\boldsymbol{B}_{22} - \boldsymbol{A}_{12}\boldsymbol{B}_{22} + \boldsymbol{A}_{12}\boldsymbol{B}_{21} \\ &\quad + \boldsymbol{A}_{12}\boldsymbol{B}_{22} - \boldsymbol{A}_{22}\boldsymbol{B}_{21} - \boldsymbol{A}_{22}\boldsymbol{B}_{22} \\ &= \boldsymbol{A}_{11}\boldsymbol{B}_{11} + \boldsymbol{A}_{12}\boldsymbol{B}_{21} \end{aligned}$$

Strassen 矩阵乘法中用了 7 次对于 $n/2$ 阶矩阵乘积的递归调用和(10+8=18)次 $n/2$ 阶矩阵的加减运算。该算法所需的计算时间 $T(n)$ 满足如下的递归方程:

$$T(n) = \begin{cases} O(1), & n = 2 \\ 7T(n/2) + O(n^2), & n > 2 \end{cases} \tag{7.17}$$

使用式(7.9)计算:$m=2,k=7$,略去复杂度表达式中的低阶项可得 $T(n) = O(n^{\log 7}) \approx O(n^{2.81})$。可见 Strassen 矩阵乘法的计算复杂度比式(7.12)中矩阵乘法有较大降低。根据上述算法原理,读者可以参考代码 7.12 自行写出 Strassen 矩阵乘法分治算法代码并上机调试通过。

【Strassen 矩阵乘法分治算法代码】

```
//Strassen 矩阵乘法分治法算法...
//定义三个矩阵 A,B,C...
float A[N][N],B[N][N],C[N][N];
//矩阵乘法 A x B->C(仅做 2 阶)...
void MultiplyMatrix(float A[][N],float B[][N],float C[][N])
{
  int i,j,t;
  for(i=0;i<2;i++)//计算 A x B->C...
  {
    for(j=0;j<2;j++)
    {
      C[i][j]=0;
```

```
      for(t=0;t<2;t++)
        C[i][j]+=A[i][t] * B[t][j];
    }
  }
}


//矩阵加法 X+Y—>Z...
void AddMatrix(int n,float X[][N],float Y[][N],float Z[][N])
{
  int i,j;
  for(i=0;i<n;i++)
    for(j=0;j<n;j++)
      Z[i][j]=X[i][j]+Y[i][j];
}


//矩阵减法 X-Y—>Z...
void SubtractMatrix(int n,float X[][N],float Y[][N],float Z[][N])
{
  int i,j;
  for(i=0;i<n;i++)
    for(j=0;j<n;j++)
      Z[i][j]=X[i][j]-Y[i][j];
}


//Strassen 矩阵乘法...
void StrassenMultiplyMatrix(int n,float A[][N],float B[][N],float C[][N])
{
  //定义 Strassen 矩阵乘法中的辅助量...
  float A11[N][N],A12[N][N],A21[N][N],A22[N][N];
  float B11[N][N],B12[N][N],B21[N][N],B22[N][N];
  float C11[N][N],C12[N][N],C21[N][N],C22[N][N];
  float M1[N][N],M2[N][N],M3[N][N],M4[N][N],M5[N][N],M6[N][N],M7[N][N];
  float AA[N][N],BB[N][N],MM1[N][N],MM2[N][N];
  int   i,j;

  if (n==2)
    MultiplyMatrix(A,B,C);
  else
  {
    //将矩阵 A 和 B 分为 4 块...
    for(i=0;i<n/ 2;i++)
    {
      for(j=0;j<n/ 2;j++)
      {
```

```
            A11[i][j]=A[i][j];
            A12[i][j]=A[i][j+n/ 2];
            A21[i][j]=A[i+n/ 2][j];
            A22[i][j]=A[i+n/ 2][j+n/ 2];
            B11[i][j]=B[i][j];
            B12[i][j]=B[i][j+n/ 2];
            B21[i][j]=B[i+n/ 2][j];
            B22[i][j]=B[i+n/ 2][j+n/ 2];
        }
    }

    //计算 M1,M2,M3,M4,M5,M6,M7...
    //M1=A11 x(B12-B22)
    SubtractMatrix(n/ 2,B12,B22,BB);
    StrassenMultiplyMatrix(n/ 2,A11,BB,M1);
    //M2= (A11+A12) x B22
    AddMatrix(n/ 2,A11,A12,AA);
    StrassenMultiplyMatrix(n/ 2,AA,B22,M2);
    //M3= (A21+A22) x B11
    AddMatrix(n/ 2,A21,A22,AA);
    StrassenMultiplyMatrix(n/ 2,AA,B11,M3);
    //M4=A22 x(B21-B11)
    SubtractMatrix(n/ 2,B21,B11,BB);
    StrassenMultiplyMatrix(n/ 2,A22,BB,M4);
    //M5= (A11+A22) x (B11+B22)
    AddMatrix(n/ 2,A11,A22,AA);
    AddMatrix(n/ 2,B11,B22,BB);
    StrassenMultiplyMatrix(n/ 2,AA,BB,M5);
    //M6= (A12-A22) x (B21+B22)
    SubtractMatrix(n/ 2,A12,A22,AA);
    SubtractMatrix(n/ 2,B21,B22,BB);
    StrassenMultiplyMatrix(n/ 2,AA,BB,M6);
    //M7= (A11-A21) x (B11+B12)
    SubtractMatrix(n/ 2,A11,A21,AA);
    SubtractMatrix(n/ 2,B11,B12,BB);
    StrassenMultiplyMatrix(n/ 2,AA,BB,M7);

    //计算 C11,C12,C21,C22...
    //C11=M5+M4-M2+M6
    AddMatrix(n/ 2,M5,M4,MM1);
    SubtractMatrix(n/ 2,M2,M6,MM2);
    SubtractMatrix(n/ 2,MM1,MM2,C11);
    //C12=M1+M2
    AddMatrix(n/ 2,M1,M2,C12);
```

```
//C21=M3+M4
AddMatrix(n/ 2,M3,M4,C21);
//C22=M5+M1-M3-M7
AddMatrix(n/ 2,M5,M1,MM1);
AddMatrix(n/ 2,M3,M7,MM2);
SubtractMatrix(n/ 2,MM1,MM2,C22);
//计算结果送回 C[N][N]...
for (i=0;i<n/ 2;i++)
  {
    for(j=0;j<n/ 2;j++)
    {
      C[i][j]                =C11[i][j];
      C[i][j+n/ 2]           =C12[i][j];
      C[i+n/ 2][j]           =C21[i][j];
      C[i+n/ 2][j+n/2]       =C22[i][j];
    }
  }
}
```

7.6 棋盘覆盖问题

棋盘覆盖问题是一个可以采用分治策略求解的经典问题,其描述如下:在一个 $2^k \times$ 2^k 个方格组成的棋盘中,恰有一个方格与其他方格不同,称该方格为一特殊方格(特殊棋盘)。显然特殊方格在棋盘上出现的位置有 4^k 种情形($2^k \times 2^k = 4^k$)。图 7.8(a)中的特殊棋盘是当 $k=2$ 时 16 个特殊棋盘中的一个。棋盘覆盖问题是指用图 7.8(b)~(e)中所示的 4 种不同形态的 L 型骨牌去覆盖给定的特殊棋盘上除特殊方格以外的所有方格,且图 7.8(b)~(e)中任何 2 个 L 型骨牌不得重叠覆盖。

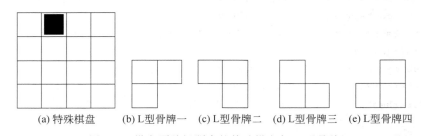

(a)特殊棋盘　　(b)L型骨牌一　　(c)L型骨牌二　　(d)L型骨牌三　　(e)L型骨牌四

图 7.8　棋盘覆盖问题中的特殊棋盘与 L 型骨牌

棋盘覆盖问题初看起来很难下手解决,但仔细分析棋盘特点后可以考虑采用分治策略进行求解:如图 7.9 所示,当 $k>0$ 时,可以将 $2^k \times 2^k$ 棋盘分割为 4 个 $2^{k-1} \times 2^{k-1}$ 子棋盘,如图 7.9(a)所示。显然特殊方格必位于图 7.9(a)中 4 个较小子棋盘中的一个,其余 3 个子棋盘中则无特殊方格。由本书 7.3 节内容可知,如果一个问题可由分治法求解,则它一定可以分解为若干个规模较小的相同问题。图 7.9(a)所示的划分方式可以将大棋盘转换为 4 个小棋盘,即把大问题变成 4 个小问题(4 个小棋盘),但 4 个小棋盘中有 3 个小棋盘都不是特殊棋盘,即不是和大棋盘覆盖问题一样的问题。如果能把这 3 个小棋盘都变成特殊棋盘,就可以考虑使用分治法求解棋盘覆盖问题。可以用一个很巧妙的方法把 3 个小棋盘都变成特殊棋盘。如果特殊方格位于大棋盘左上角,用图 7.9(b)所示的 L 型骨牌覆盖 3 个小棋盘的会合处,就可以把 3 个小棋盘转换为特殊棋盘(每个小棋盘包含 1 个特殊方格);同理,如果特殊方格位于大棋盘左下角,则用图 7.9(c)所示 L 型骨牌可以把 3 个小棋盘转换为特殊棋盘。如果特殊方格位于大棋盘右上角和右下角可以类似处理。这样可将原问题转化为 4 个较小规模的棋盘覆盖问题。递归地使用这种分割,直至棋盘简化为棋盘 1×1,此时可以直接求解。

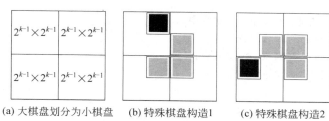

(a) 大棋盘划分为小棋盘　　(b) 特殊棋盘构造1　　(c) 特殊棋盘构造2

图 7.9　分治法求解棋盘覆盖问题示意图

【棋盘覆盖问题分治算法代码】

```
int tile=1;                 //L 型骨牌的编号(递增)
int Board[100][100];        //棋盘
//递归方式实现棋盘覆盖算法...
//tr  -当前棋盘左上角的行号
//tc  -当前棋盘左上角的列号
//dr  -当前特殊方格所在的行号
//dc  -当前特殊方格所在的列号
//size-当前棋盘的大小:2^k
void ChessBoard(int tr,int tc,int dr,int dc,int size)
{
  if (size==1)              //棋盘方格大小为 1,说明递归到最里层...
    return;

  int t=tile++;            //每次递增 1(L 型骨牌编号,注意这里是连续编号)...
  int s=size/ 2;           //分割棋盘

  //检查特殊方块是否在左上角子棋盘中...
  if ((dr<tr+s) && (dc<tc+s))
    ChessBoard(tr,tc,dr,dc,s);
  else                      //不在,将该子棋盘右下角的方块视为特殊方块...
  {
    Board[tr+s-1][tc+s-1]=t;
```

```
    ChessBoard(tr,tc,tr+s-1,tc+s-1,s);
  }


  //检查特殊方块是否在右上角子棋盘中...
  if ((dr<tr+s && (dc>=tc+s))
    ChessBoard(tr,tc+s,dr,dc,s);
  else
  {
    Board[tr+s-1][tc+s]=t;
    ChessBoard(tr,tc+s,tr+s-1,tc+s,s);
  }


  //检查特殊方块是否在左下角子棋盘中...
  if ((dr>=tr+s) && (dc<tc+s))
    ChessBoard(tr+s,tc,dr,dc,s);
  else
  {
    Board[tr+s][tc+s-1]=t;
    ChessBoard(tr+s,tc,tr+s,tc+s-1,s);
  }


  //检查特殊方块是否在右下角子棋盘中...
  if ((dr>=tr+s) && (dc>=tc+s))
    ChessBoard(tr+s,tc+s,dr,dc,s);
  else
  {
    Board[tr+s][tc+s]=t;
    ChessBoard(tr+s,tc+s,tr+s,tc+s,s);
  }
}
```

上述代码采用了分治思想,首先将棋盘一分为四,则特殊方格必位于 4 个子棋盘之一。然后用一个 L 型骨牌覆盖这 3 个较小棋盘的会合处,如图 7.9(b)和图 7.9(c)所示。从而将原问题转化为 4 个较小规模的棋盘覆盖问题。之后分别处理左上角、右上角、左下角和右下角 4 个子棋盘。上述代码中有如下一个细节需要加以解释:

```
//检查特殊方块是否在左上角子棋盘中...
if ((dr<tr+s) && (dc<tc+s))
  ChessBoard(tr,tc,dr,dc,s);
else//不在,将该子棋盘右下角的方块视为特殊方块...
{
  Board[tr+s-1][tc+s-1]=t;
  ChessBoard(tr,tc,tr+s-1,tc+s-1,s);
}
```

这段指令首先检查特殊方块是否在左上角子棋盘中,如果是说明满足递归条件直接递归处理;如果特殊方块不在左上角子棋盘中,则将该子棋盘右下角的方块视为特殊方块。这样做的原因如图 7.10 所示。

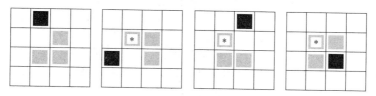

(a) 特殊方格位置1　(b) 特殊方格位置2　(c) 特殊方格位置3　(d) 特殊方格位置4

图 7.10　分治法求解棋盘覆盖问题示意图

图 7.10(a)表示特殊方块在左上角子棋盘中,如果特殊方块不在左上角子棋盘中,那么它必然位于左下角、右上角和右下角之一,如图 7.10(b)～(d)所示。那么必须采用如图 7.10(b)～(d)所示的 L 型骨牌来覆盖棋盘,不管是这三种覆盖情况中的哪一种,一定会有一个方块覆盖在左上角子棋盘的右下角,如图 7.10(b)～(d)中的"＊"符号所示。这就意味着如果特殊方块不在左上角子棋盘中,就可以将左上角子棋盘右下角的方块视为特殊方块。如果特殊方块不在左下角、右上角和右下角子棋盘中,则可以类似处理。

7.7　习题

1. 请用分治法设计一个算法,统计输入的非空字符串中给定字符(如 e)的个数。

2. 设计非递归形式的二分搜索程序。

3. 一个装有 16 枚硬币的袋子,16 枚硬币中有一个是伪造的,并且那个伪造的硬币比真的硬币要轻。现有一台可用来比较两组硬币重量的仪器,请使用分治法设计一个算法,可以找出那枚伪造的硬币。

4. 数组 A 含有 9 个元素,这些元素恰好是第 2 至第 10 个 Fibonacci 数,写出在数组 A 中查找 $x=17$ 的二分查找过程。

5. 大于 1 的正整数 n 可以分解为 $n=x_1 \times x_2 \times \cdots \times x_m$。如当 $n=12$ 时,共有 8 种不同的分解式:$12=12$、$12=6 \times 2$、$12=4 \times 3$、$12=3 \times 4$、$12=3 \times 2 \times 2$、$12=2 \times 6$、$12=2 \times 3 \times 2$、$12=2 \times 2 \times 3$。对于给定的正整数 n,计算 n 共有多少种不同的分解式。

6. 当一个函数及它的一个变量是由函数自身定义时,称这个函数是双递归函数。双递归函数 Ackerman 函数定义如下:

$$
\begin{cases}
A(1,0) = 2 \\
A(0,m) = 1, & m \geqslant 0 \\
A(n,0) = n+2, & n \geqslant 2 \\
A(n,m) = A(A(n-1,m), m-1), & n,m \geqslant 1
\end{cases}
$$

计算 $A(3,2)$。

7. 给定 a,用分治法设计出求 a^n 的算法。

8. 有两个长度相等的已排序数组,采用分治算法求合并后的排序数组的中位数。

第8章 动态规划法

动态规划法和分治法类似,也是将待求解的大问题分解成若干个子问题,通过求解子问题进而得到原问题的解。和分治法的不同之处在于动态规划法得到的子问题之间不是相互独立的,而是具有重叠性。本章通过矩阵连乘积、最长公共子序列、编辑距离、数字三角形和0-1背包等问题介绍了动态规划法的思想和解题框架。

8.1 概述

本节先从一个例子来看适于动态规划法求解问题的基本特性,即子问题重叠性。图8.1是一个道路网络,其中各段道路的里程如图中数字所示。汽车从 **A** 站出发,前往 **F** 站,要求寻找一条路程最短的行车路线。显然司机在每个站点都要进行选择,如 **A** 站、**B** 站、**C** 站等。这就意味着司机的不同行车路线存在很多重复部分路线,如路线"**A—B—C—F**"与"**A—B—E—F**"中都存在相同的部分路线"**A—B**",这就是所谓的子问题重叠性。

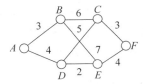

图 8.1 最短行车路线问题

具有子问题重叠性的问题中,不同子问题的数目常常只有多项式量级。如果能够保存已解决子问题的答案,而在需要时再找出已求得的答案,就可以避免大量重复计算,从而得到多项式时间算法。这就是动态规划算法的主要思想。

动态规划算法适用于求解最优化问题,其设计步骤为:

(1) 找出最优解的性质,并刻画其结构特征(最优子结构性质)。

(2) 递归地定义最优值。

(3) 以自底向上的方式计算出最优值。

(4) 根据计算最优值时得到的信息,构造最优解。

本章后续内容将通过多个实例的讲解来体现这些设计步骤。

8.2 矩阵连乘积问题

矩阵连乘积问题作为动态规划法求解的经典问题,其描述如下:给定 n 个矩阵$\{A_1, A_2, \cdots, A_n\}$,其中 A_1 与 A_{i+1} 是可乘的,$i=1,2,\cdots,n-1$。计算这 n 个矩阵的连乘积 $A_1 A_2 \cdots A_n$。在分治法这章中介绍了基于分治策略的 Strassen 矩阵乘法,其复杂度为 $T(n) = O(n^{\log 7}) \approx O(n^{2.81})$,比原始矩阵乘法有较大改进,可以反复使用 Strassen 矩阵乘法完成 n 个矩阵的乘积。因为矩阵乘法满足结合律,所以计算矩阵的连乘可以有许多不同的计算次序,计算次序可以使用加括号的方式来确定。不同的计算次序对计算结果显然是没有影响的,那么是否会影响计算量的大小?为了回答这个问题,首先做如下定义以方便描述问题:若一个矩阵连乘积的计算次序完全确定,即该连乘积已完全加括号,则可依此次序反复调用2个矩阵相乘算法计算矩阵连乘积。完全加括号的矩阵连乘积可递归地定义为:

(1) 单个矩阵是完全加括号的。

(2) 如矩阵连乘积 A 是完全加括号的,则 A 可以表示为2个完全加括号的矩阵连乘积 B 和 C 的乘积并加括号,即 $A=(BC)$。例如,矩阵连乘积 $A_1A_2A_3A_4$ 可以有如下5种不同的完全加括号方式:$(A_1(A_2(A_3A_4)))$,$(A_1((A_2A_3)A_4))$,$((A_1A_2)(A_3A_4))$,$((A_1(A_2A_3))A_4)$,$(((A_1A_2)A_3)A_4)$,也就是5种不同的计算次序。

矩阵相乘的计算量主要在乘法。根据矩阵相乘规则,如有矩阵 $A_{p\times q}\times B_{q\times r}=C_{p\times r}$,则乘法计算量的次数为 $p\times q\times r$。假定计算3个矩阵 $\{A_1,A_2,A_3\}$ 的连乘积,设这3个矩阵的维数(即行数和列数,下同)分别为 10×100、100×5、5×50。若按照加括号方式 $((A_1A_2)A_3)$ 计算,则3个矩阵连乘积需要的数乘次数为 $10\times100\times5+10\times5\times50=7500$;若按照加括号方式 $(A_1(A_2A_3))$ 计算,则3个矩阵连乘积需要的数乘次数为 $100\times5\times50+10\times100\times50=75\,000$。计算量相差了10倍!这说明矩阵连乘积中不同的计算次序对计算量有很大的影响。

矩阵连乘积时计算次序(即完全加括号方式,下同)对计算量有很大影响,则必然存在使计算量最小的最优计算次序。矩阵连乘积问题可表述如下:给定 n 个矩阵 $\{A_1,A_2,\cdots,A_n\}$(其中矩阵 A_i 的维数为 $p_{i-1}\times p_i,i=1,2,\cdots,n$),如何确定计算矩阵连乘积 $A_1A_2\cdots A_n$ 的计算次序,使得依此次序计算矩阵连乘积需要的数乘次数最少。

在矩阵连乘积问题中如何寻找这个最优计算次序及对应的最少数乘计算量?既然矩阵连乘积中一定存在一个最优计算次序,那么穷举法就是最直接的解法。把所有可能的计算次序全部列举出来,然后逐一计算其数乘次数,选数乘次数最小的那个加括号方式。穷举法从原理上来说是正确的,但完全不可行。原因是算法复杂度太高,计算量太大。可以分析如下:对于 n 个矩阵的连乘积,设其不同的计算次序为 $P(n)$。由于每种加括号方式都可以分解为两个子矩阵乘积的加括号问题:$(A_1A_2\cdots A_k)(A_{k+1}A_{k+2}\cdots A_n)$,即在第 k 个和第 $k+1$ 个矩阵之间加括号。那么当 $n=1$ 时,即只有1个矩阵时,加括号方式只有1种;当 $n>1$ 时,利用排列组合中的乘法原理和加法原理,可得 $P(n)$ 的计算公式如式(8.1)所示。

$$P(n)=\begin{cases}1, & n=1\\ \sum_{k=1}^{n-1}P(k)P(n-k), & n>1\end{cases} \tag{8.1}$$

根据组合数学的相关理论可知,$P(n)$ 的解是卡塔兰数(Catalan number)。$P(n)$ 随着 n 的增长呈指数增长,如 $P(1)=1,P(2)=1,P(4)=5,\cdots,P(25)=1289904147324$。仅有25个矩阵连乘时,不同的计算次序已经是一个天文数字,所以穷举法完全不可行,必须另辟蹊径。

矩阵连乘积问题是一个最优化问题,可以采用动态规划算法解决。为了解决 n 个矩阵连乘积 $A_1A_2\cdots A_n$ 的最优计算次序,先考虑它的子问题 $A_iA_{i+1}\cdots A_j$,$i\leqslant j$ 的最优计算次序。如果子问题解决了,令 $i=1,j=n$,则原问题也迎刃而解。为叙述问题方便,将矩阵连乘积 $A_iA_{i+1}\cdots A_j$,$i\leqslant j$ 简记为 $A[i:j]$,$i\leqslant j$。先假定 $A[i:j]$,$i\leqslant j$ 的最优计算次序已经找到,这个计算次序在矩阵 A_k 和 A_{k+1} 之间将矩阵链断开,其中 $i\leqslant k<j$,则其相应的完全加括号方式为 $(A_iA_{i+1}\cdots A_k)(A_{k+1}A_{k+2}\cdots A_j)$。根据矩阵相乘的规则,加括号后的数乘计算量为 $A[i:k]$ 的计算量加上 $A[k+1:j]$ 的计算量,再加上 $A[i:k]$ 得到的矩阵和 $A[k+1:j]$ 得到的矩阵相乘的计算量。那么很自然产生一个问题:$A[i:j]$,$i\leqslant j$ 的最优计算次序是不是包含了矩阵子链 $A[i:k]$ 和 $A[k+1:j]$ 的最优计算次序? 答案是肯定的。这是动态规划法的一个基本特征,称为最优子结构性质,其表述为问题的最优解包含了其子问题的最优解。最优子结构性质是问题可用动态规划法求解的显著特征。矩阵连乘积问题的最优子结构性质可证明如下:

【性质】 计算 $A[i:j]$ 的最优次序所包含的计算 $A[i:k]$ 和 $A[k+1:j]$ 的次序也是最优的。

【证明】 采用反证法证明。假定存在一个计算 $A[i:k]$ 的次序需要的计算量更少,则可以用此次序替代原来计算 $A[i:k]$ 的次序,那么得到的计算 $A[i:j]$ 的计算量将比已知的最优次序所需计算量更少,则产生矛盾。也即当前计算矩阵子链 $A[i:k]$ 的次序是最优的。同理 $A[k+1:j]$ 的次序也是最优的。得证。

有了最优子结构性质,定义二维数组 $m[i][j]$ 表示计算矩阵子链 $A[i:j]$ 的最优值,即计算 $A[i:j]$ 所需的最少数乘次数。显然原问题的最优解为 $m[1][n]$。当 $i=j$ 时,$A[i:j]=A_i$,所以 $m[i][i]=0$,$i=1,2,\cdots,n$;当 $i<j$ 时,$A[i:j]$ 数乘计算量为 $A[i:k]$ 的计算量(最少数乘次数为 $m[i][k]$ 加上 $A[k+1:j]$ 的计算量(最少数乘次数为 $m[k+1][j]$),再加上 $A[i:k]$ 得到的矩阵和 $A[k+1:j]$ 得到的矩阵相乘的计算量。定义矩阵连乘积 $A_1A_2\cdots A_n$ 中矩阵 A_i 的维数为 $p_{i-1}\times p_i$(p_{i-1} 行,p_i 列),利用最优子结构性质及矩阵相乘规则,可知存在如下关系式:

$$m[i][j]=m[i][k]+m[k+1][j]+p_{i-1}p_kp_j \qquad (8.2)$$

计算时不知道断开点 k 的位置,所以 k 未定。但 k 的位置只有 $j-i$ 种可能:i,$i+1,\cdots,j-1$。k 是这 $j-i$ 个位置中使计算量达到最小的那个位置。这样可以递归地定义 $m[i][j]$ 为:

$$m[i,j]=\begin{cases} 0, & i=j \\ \min_{i\leqslant k<j}\{m[i,k]+m[k+1,j]+p_{i-1}p_kp_j\}, & i<j \end{cases} \qquad (8.3)$$

由式(8.3)使可知,求得 $m[i][j]$ 值后,同时还确定了计算 $A[i:j]$ 的最优次序中的断开位置 k,将对应于 $m[i][j]$ 的断开位置 k 记为 $s[i][j]$,在计算出最优值 $m[i][j]$ 后,可递归地由 $s[i][j]$ 构造出相应的最优解。

有读者可能会有疑问:能不能用分治法求解矩阵连乘积问题? 矩阵连乘积 $A_1A_2\cdots A_n$ 可以分为大小相等的 2 个子矩阵链,这种划分可以一直继续下去直到最终的子链中包含 1 个矩阵为止,此时很容易求解;同时划分的子问题和原问题一样,但规模变小了;根据式(8.2)子问题的解似乎也可以合并。这不都是满足使用分治法的条件吗? 另外一些读者可能会认为,根据式(8.2),可以很容易得到一个如下的递归算法。那么能不能用递归算法求解矩阵连乘积问题?

【递归算法求矩阵连乘积问题代码】

```
//递归算法求矩阵连乘积问题...
int REMatrixChain(int i,int j)
{
  if (i==j)
    return 0;
  //利用递归公式求解...
  int u=REMatrixChain (i,i)+REMatrixChain (i+1,j)+p[i-1] * p[i] * p[j];
  s[i][j]=i;

  for(int k=i+1;k<j;k++)
  {
    int t=REMatrixChain (i,k)+REMatrixChain (k+1,j)+p[i-1] * p[k] * p[j];
      if(t<u)
      {
        u=t;
        s[i][j]=k;
      }
  }
  return u;
}
```

由矩阵连乘积问题的表述可以看出,对于 $1 \leqslant i \leqslant j \leqslant n$,不同有序对 (i,j) 对应于不同子问题。在递归计算时,许多子问题被重复计算多次,如图 8.2 所示,$A[2:3]$,$A[3:4]$ 被计算了 2 次。如果用递归算法求解矩阵连乘积问题会增加计算量。同理矩阵连乘积问题也不适于用分治法求解,因为划分后的子问题不是相互独立的,这点和分治法中讲解的棋盘覆盖问题、快速排序问题等有很大的不同。

图 8.2　递归法求解时的子问题重叠性

为何采用动态规划法就不会存在上述问题?原因在于使用了二维数组 $m[i][j]$ 保存子问题答案。每个子问题只计算一次,在需要时直接使用即可,从而避免大量重复计算,最终得到多项式时间的算法。很多问题和矩阵连乘积问题一样都存在重复子问题,这个特点被称为子问题重叠性质,这也是问题可用动态规划算法求解的显著特征。下面给出了使用动态规划算法求解矩阵连乘积问题的代码。

【动态规划算法求矩阵连乘积问题代码】

```
//动态规划算法求矩阵连乘积问题...
```

```
void DPMatrixChain(int * p,int n,int **m,int **s)
{
  for(int i=1;i<=n;i++)
    m[i][i]=0;

  for(int r=2;r<=n;r++)
  {
    for(int i=1;i<=n-r+1;i++)
    {
      int j=i+r-1;
      m[i][j]=m[i+1][j]+p[i-1] * p[i] * p[j];
      s[i][j]=i;

      for(int k=i+1;k<j;k++)
      {
        int t=m[i][k]+m[k+1][j]+p[i-1] * p[k] * p[j];
          if (t<m[i][j])
          {
            m[i][j]=t;
            s[i][j]=k;
          }
      }
    }
  }
}
```

上述代码中函数 DPMatrixChain 参数含义如下：

p：矩阵连乘积 $A_1A_2\cdots A_n$ 中矩阵的维数一维数组（其中矩阵 A_i 的维数为 $p_{i-1}\times p_i$，$i=1,2,\cdots,n$），为 $n+1$ 个数组成的数组 $\{p_0,p_1,\cdots,p_n\}$。

n：连乘积中矩阵的个数。

m：$m[i][j]$ 给出了计算矩阵链 $A[i:j]$ 所需的最少数乘次数，二维数组。

s：$s[i][j]=k$ 给出了计算矩阵链 $A[i:j]$ 的最佳断开位置，即应在矩阵 A_k 和 A_{k+1} 之间断开，即最优的加括号方式应为 $(A[i:k])(A[k+1:j])$ 二维数组。

下面对此代码进行详细分析。函数 DPMatrixChain 的第一条语句为：

```
for(int i=1;i<=n;i++)
  m[i][i]=0;
```

因为 $1\leqslant i\leqslant j\leqslant n$，所以计算得到的 $m[i][j]$ 值位于二维数组 m 的上三角区域。该条语句初始化了主对角线上的 $m[i][i]$ 值：当 $i=j$ 时，$A[i:j]=A_i$ 为单一矩阵，无须计算，因此 $m[i][i]=0,i=1,2,\cdots,n$。这个初始化是非常重要的，它是后续计算基础。之后的语句为：

```
for(int r=2;r<=n;r++)
```

变量 r 表示矩阵链长的递增,如 $r=2$ 表示长度为 2 的矩阵链,即 A_iA_{i+1};$r=3$ 表示长度为 3 的矩阵链,即 $A_iA_{i+1}A_{i+2}$ 等。在式(8.2)中会用到各种长度矩阵链 $A[i:j]$ 对应的 $m[i][j]$ 值,所以处理了长度从 $2\sim n$ 的所有矩阵链。上述初始化主对角线上 $m[i][i]$ 值为 0 的语句相当于 $r=1$。接下来的指令为:

```
for(int i=1;i<=n-r+1;i++)
{
   int j=i+r-1;
```

本指令取矩阵子链 $A[i:j]$。长度为 r 的矩阵子链共有 $n-r+1$ 种组合,如计算 $A_1A_2A_3A_4$ 的连乘积,$n=4$,当 $r=2$ 时,共有 $n-r+1=4-2+1=3$ 种组合,则上述循环按照如下方式得到长度为 2 的矩阵子链:

$$i=1\Rightarrow j=i+r-1=1+2-1=2\Rightarrow A[i:j]=A_1A_2$$
$$i=2\Rightarrow j=i+r-1=2+2-1=3\Rightarrow A[i:j]=A_2A_3$$
$$i=3\Rightarrow j=i+r-1=3+2-1=4\Rightarrow A[i:j]=A_3A_4$$
$$\cdots$$

之后的指令为:

```
m[i][j]=m[i+1][j]+p[i-1]*p[i]*p[j];
s[i][j]=i;
```

本指令计算断开位置 $k=i$ 时的 $m[i][i]$ 值,即将矩阵子链 $A[i:j]$ 断开为 $A[i:i]$ 和 $A[i+1:j]$。这也是一个初始化过程,用于计算最小 k 值(即 $s[i][j]$ 值)。显然有:

$$
\begin{aligned}
m[i][j] &= m[i][k]+m[k+1][j]+p_{i-1}p_kp_j \\
&= m[i][i]+m[i+1][j]+p_{i-1}p_ip_j(\because i=k) \\
&= 0+m[i+1][j]+p_{i-1}p_ip_j \\
&= m[i+1][j]+p_{i-1}p_ip_j
\end{aligned}
$$

代码的主循环体如下:

```
for(int k=i+1;k<j;k++)
{
  int t=m[i][k]+m[k+1][j]+p[i-1]*p[k]*p[j];
  if (t<m[i][j])
  {
    m[i][j]=t;
    s[i][j]=k;
  }
}
```

该部分代码依次取断开位置 $k=i+1\sim j-1$,计算能够使 $m[i][j]$ 值取最小值的 k 值,即 $s[i][j]$ 值。并求出最终的 $m[i][j]$ 和 $s[i][j]$ 值。

根据上述代码,可以得知用动态规划算法解此问题时,计算是依据其递归式以自底向上的方式进行。如图 8.3 所示,计算时先计算 $m[i][j]$ 数组的主对角线,计算方向是从左上角到右下角;之后计算副对角线,同样是从左上角到右下角;以此类推,直到计算右上角的元素 $m[1][n]$,这就是原始问题的解。图 8.3 中的大三角箭头给出了计算方向。显然,这个计算方向按照代码中矩阵链长变量 r 从 $1\sim n$ 的递增顺序进行:主对角线 $r=1$,副对角线 $r=2$,直至右上角元素 $r=n$。

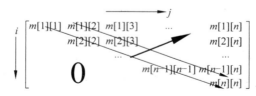

图 8.3 动态规划法求解矩阵连乘积问题时的计算次序

如计算 $A_1A_2A_3A_4$ 的连乘积,$n=4$,则计算顺序为:

(1) 初始化:$m[1][1]\Rightarrow m[2][2]\Rightarrow m[3][3]\Rightarrow m[4][4]$;

(2) $r=2$ 时,$i=1\sim n-r+1=1\sim3$,$j=i+r-1\Rightarrow j=2\sim4$,计算顺序为:
$m[1][2]\Rightarrow m[2][3]\Rightarrow m[3][4]$;

(3) $r=3\sim n$ 时依次处理。

下面给出一个计算实例加深读者对此计算过程的理解。

【例题】 有矩阵连乘积问题:$A_{10\times30}\times B_{30\times20}\times C_{20\times10}\times D_{10\times200}$。请计算下列 m 和 s 数组中标记为 ? 位置的值,并写出计算过程。

$$m=\begin{bmatrix}0 & 6000 & 8000 & ? \\ 0 & 0 & 6000 & ? \\ 0 & 0 & 0 & 40\,000 \\ 0 & 0 & 0 & 0\end{bmatrix} \quad s=\begin{bmatrix}0 & 1 & 2 & ? \\ 0 & 0 & 2 & ? \\ 0 & 0 & 0 & 3 \\ 0 & 0 & 0 & 0\end{bmatrix}$$

【解析】 由已知可得矩阵维数数组为 $p=(10,30,20,10,200)$。根据已知 m 和 s 矩阵的值有:

(1) $i=2,j=4,k=i\sim j-1=2\sim3$:

$k=2$:$m[2][2]+m[3][4]+p_1\times p_2\times p_4=0+40\,000+30\times20\times200=160\,000$

$k=3$:$m[2][3]+m[4][4]+p_1\times p_3\times p_4=6000+0+30\times10\times200=66\,000$

取最小值 66\,000,此时 $k=3$。所以得到结果:$m[2][4]=66\,000$,$s[2][4]=3$。

(2) $i=1,j=4,k=i\sim j-1=1\sim3$:

同理可得:$m[1][4]=28\,000$,$s[1][4]=3$。最终结果为:

$$m=\begin{bmatrix}0 & 6000 & 8000 & \underline{28\,000} \\ 0 & 0 & 6000 & \underline{66\,000} \\ 0 & 0 & 0 & 40\,000 \\ 0 & 0 & 0 & 0\end{bmatrix} \quad s=\begin{bmatrix}0 & 1 & 2 & \underline{3} \\ 0 & 0 & 2 & \underline{3} \\ 0 & 0 & 0 & 3 \\ 0 & 0 & 0 & 0\end{bmatrix}$$

上述代码的主要计算量取决于算法中对 r,i 和 k 的 3 重循环。循环体内的计算量为 $O(1)$,而 3 重循环的总次数为 $O(n^3)$。因此算法的计算时间上界为 $O(n^3)$。算法所占用的空间显然为 $O(n^2)$。可见动态规划算法比穷举搜索法有效得多。

上述代码只得到最少数乘次数(最优值),还不知道使数乘次数最少的加括号方式(最优解)。$s[i][j]$中的数表明,计算矩阵链$A[i:j]$的最佳方式应在矩阵A_k和A_{k+1}之间断开,即最优加括号方式应为$(A[i:k])(A[k+1:j])$。从$s[1][n]$的值可知计算$A[1:n]$的最优加括号方式为$(A[1:s[1][n]])(A[s[1][n]+1:n])$(此时$k=s[1][n]$,将其值代入即可)。同理可知$A[1:s[1][n]]$的最优加括号方式,此时$i=1,j=s[1][n],k=s[i][j]=s[1][s[1][n]]$,代入有:$(A[1:s[1][s[1][n]]])(A[s[1][s[1][n]]+1:s[1][n]])$。照此递推下去,最终可以确定$A[1:n]$的最优加括号方式,即构造出问题的最优解。

【递归算法构造矩阵连乘积问题最优解代码】

```
//递归算法构造矩阵连乘积问题的最优解...
void AddMatrixChainBrackets(int i,int j,int **s)
{
  if (i==j)
    return;

  AddMatrixChainBrackets(i,s[i][j],s);//A[i:k]
  AddMatrixChainBrackets(s[i][j]+1,j,s);//A[k+1:j]

  printf("Multiply A%d,%d",i,s[i][j]);
  printf(" and A%d,%d\n",(s[i][j]+1),j);
}
```

适于动态规划法求解的问题具备两个特性:最优子结构性质和子问题重叠性质。从求解矩阵连乘积问题中可以总结出动态规划法求解问题的步骤:

步骤1,定义原问题的子问题(即$A_i A_{i+1} \cdots A_j$的矩阵连乘积问题),证明问题具有最优子结构性质。最优子结构是问题能用动态规划算法求解的前提。在分析问题的最优子结构性质时,所用的方法具有一般性:采用反证法,先假设由问题的最优解导出的子问题的解不是最优的,然后再说明在这个假设下可构造出比原问题最优解更好的解,从而导致矛盾。

步骤2,根据问题特点推导得到递推方程(也称为状态方程),即式(8.2)。

步骤3,确定初始条件(也称为边界条件),即$m[i][i]=0,i=1,2,\cdots,n$。

步骤4,根据递推方程和初始条件,利用问题的最优子结构性质,以自底向上的方式从子问题的最优解逐步构造出整个问题的最优解,如图8.3所示。

从上述求解步骤可以看出,动态规划算法对每一个子问题只解一次,将解保存在一个二维表格中。当再次需要解此子问题时,只需要用常数时间取出结果。通常不同子问题个数随问题的大小呈多项式增长,用动态规划算法只需要多项式时间,从而获得较高的解题效率。

前面已经提到,由于矩阵连乘积问题具有子问题重叠性,所以采用递归算法求解时有些子问题会被反复计算多次,从而导致效率低下。如果在递归算法中引入二维数组$m[i][j]$,求解子问题后将解存储到$m[i][j]$中,下次可以直接读取使用。这样就可以得到一个基于递归算法的高效方法,即备忘录方法。备忘录方法的控制结构与直接递归方法的控制结构相同,区别在于备忘录方法为每个解过的子问题建立了备忘录以备需要时查看,避免了相同子问题的重复求解。

【备忘录方法求矩阵连乘积问题代码】

```
//备忘录方法求矩阵连乘积问题...
int MEMOMatrixChain(int i,int j)
{
  if (m[i][j]>0) return m[i][j];
  if (i==j) return 0;

  int u=MEMOMatrixChain(i,i)+MEMOMatrixChain(i+1,j)+p[i-1]*p[i]*p[j];
  s[i][j]=i;
  for (int k=i+1;k<j;k++)
  {
    int t=MEMOMatrixChain(i,k)+MEMOMatrixChain(k+1,j)+p[i-1]*p[k]*p[j];
    if (t<u)
    {
      u=t;
      s[i][j]=k;
    }
  }
  m[i][j]=u;
  return u;
}
```

和动态规划算法不同的是,备忘录方法自顶向下进行计算。一般而言,如果一个问题的所有子问题都需要计算,则采用动态规划算法为好;当部分子问题不必求解时,用备忘录方法则较为有利。

8.3 字符串相似度问题

很多实际问题经过模型处理后可以归结为字符串之间的相似性度量,如生物信息学中的 DNA 序列分析。由生物学知识可知,DNA 由四种核苷酸组成,分别用字母 A、C、G 和 T 表示。这样 DNA 序列就是一个字符串,如 AAAGTCTGAC。发现了新基因序列的生物学家通常想知道该基因序列与已知的哪个序列最相似,将其转换为计算机语言就是判别两个字符串的相似度。本节将介绍两个基于动态规划法的字符串相似性问题:最长公共子序列问题和编辑距离问题。

8.3.1 最长公共子序列问题

为了说明最长公共子序列问题,先介绍几个概念。

(1) 子序列:从给定序列中任意地去掉若干个元素后所形成的序列。注意子序列和字符串中子串的概念不同,子序列中的元素在原序列中是不必连续的,而子串是给定字符串中连续的若干个字符形成的序列。

（2）公共子序列：给定两个序列 X 和 Y，当另一序列 Z 既是 X 的子序列又是 Y 的子序列时，称 Z 是序列 X 和 Y 的公共子序列。

（3）最长公共子序列：给定两个序列 X 和 Y，如果序列 Z 是 X 和 Y 的所有公共子序列中最长的，就称 Z 是序列 X 和 Y 的最长公共子序列。

例如，$X=\{A,B,C,B,D,A,B\}$，$Y=\{B,D,C,A,B,A\}$。则序列 $\{A,D,A\}$ 是 X 的子序列，序列 $\{D,A,A\}$ 是 Y 的子序列；序列 $\{B,C,A\}$ 是 X 和 Y 的一个公共子序列，但它不是 X 和 Y 的最长公共子序列；序列 $\{B,C,B,A\}$ 也是 X 和 Y 的一个公共子序列，它的长度为 4，而且它是 X 和 Y 的最长公共子序列，因为 X 和 Y 没有长度大于 4 的公共子序列。

最长公共子序列问题是指给定两个序列 $X=\{x_1,x_2,\cdots,x_m\}$ 和 $Y=\{y_1,y_2,\cdots,y_n\}$，找出 X 和 Y 的最长公共子序列（Longest Common Subsequence，LCS），也称 LCS 问题。LCS 问题常用于解决字符串的相似度，是一个非常实用的算法。两个序列的 LCS 越长，则两个序列越相似。

如何求解 LCS 问题？和矩阵连乘积问题类似，穷举搜索法是最容易想到的算法。但穷举法的时间复杂度为指数，若序列 $X=\{x_1,x_2,\cdots,x_m\}$ 包含 m 个元素，则它具有 2^m 个不同子序列。因为子序列中的元素实际对应着 X 中每个元素 x_i，$i=1\sim m$ 的“有”和“无”，如表 8.1 所示。

表 8.1　序列的子序列个数

X 中元素	x_1	x_2	$\cdots$	x_m
“有”和“无”状态	0 | 1	0 | 1	0 | 1	0 | 1

每个元素均有“0”（无）和“1”（有）两种状态，根据乘法原理，子序列个数为 $\underbrace{2\times2\times\cdots\times2}_{m}=2^m$ 个。同理序列 $Y=\{y_1,y_2,\cdots,y_n\}$ 的子序列个数是 2^n 个，由此可见穷举法的复杂度太高。

最长公共子序列问题具有最优子结构性质，适于采用动态规划法求解。其最优子结构性质可以说明如下：设序列 $X=\{x_1,x_2,\cdots,x_m\}$ 和 $Y=\{y_1,y_2,\cdots,y_n\}$ 的最长公共子序列为 $Z=\{z_1,z_2,\cdots,z_k\}$，则：

（1）若 $x_m=y_n$，则 $z_k=x_m=y_n$，且 Z_{k-1} 是 X_{m-1} 和 Y_{n-1} 的最长公共子序列。

（2）若 $x_m\neq y_n$ 且 $z_k\neq x_m$，则 Z 是 X_{m-1} 和 Y 的最长公共子序列。

（3）若 $x_m\neq y_n$ 且 $z_k\neq y_n$，则 Z 是 X 和 Y_{n-1} 的最长公共子序列。

【证明】

（1）采用反证法证明。

(1-1)若 $z_k\neq x_m$，因为 $x_m=y_n$，而且 $Z=\{z_1,z_2,\cdots,z_k\}$ 是 X 和 Y 的最长公共子序列，所以 $\{z_1,z_2,\cdots,z_k,x_m\}=\{z_1,z_2,\cdots,z_k,y_n\}$ 是 X 和 Y 的长度为 $k+1$ 的公共子序列。这与 Z 是 X 和 Y 的最长公共子序列矛盾，所以有 $z_k=x_m=y_n$。得证。

(1-2)因为 $z_k=x_m=y_n$，而且 $Z=\{z_1,z_2,\cdots,z_k\}$ 是 X 和 Y 的最长公共子序列，所以 $Z_{k-1}=\{z_1,z_2,\cdots,z_{k-1}\}$ 是 $X_{m-1}=\{x_1,x_2,\cdots,x_{m-1}\}$ 和 $Y_{n-1}=\{y_1,y_2,\cdots,y_{n-1}\}$ 的长度为

$k-1$ 的公共子序列。若 X_{m-1} 和 Y_{n-1} 有长度大于 $k-1$ 的公共子序列 W（也即 Z_{k-1} 不是 X_{m-1} 和 Y_{n-1} 的最长公共子序列），则将 x_m 加在 W 尾部可以产生长度大于 k 的公共子序列（因为 $x_m = y_n$），这和已知的"序列 $X = \{x_1, x_2, \cdots, x_m\}$ 和 $Y = \{y_1, y_2, \cdots, y_n\}$ 的最长公共子序列为 $Z = \{z_1, z_2, \cdots, z_k\}$，其长度为 k"矛盾。所以 Z_{k-1} 是 X_{m-1} 和 Y_{n-1} 的最长公共子序列。得证。

（2）采用反证法证明。

因为 $z_k \neq x_m$，已知 $Z = \{z_1, z_2, \cdots, z_k\}$ 是 X 和 Y 的最长公共子序列，所以 Z 一定是 X_{m-1} 和 Y 的公共子序列（因为 X 中去掉的元素 x_m 不在 Z 中）。如果 X_{m-1} 和 Y 有长度大于 k 的公共子序列 W（也即长度为 k 的序列 Z 不是 X_{m-1} 和 Y 的最长公共子序列），显然 W 也是 X 和 Y 的长度大于 k 的公共子序列（因为 X 相对于 X_{m-1} 是增加了元素，而非减少元素）。这与已知的"序列 $X = \{x_1, x_2, \cdots, x_m\}$ 和 $Y = \{y_1, y_2, \cdots, y_n\}$ 的最长公共子序列为 $Z = \{z_1, z_2, \cdots, z_k\}$，其长度为 k"矛盾。因此 Z 是 X_{m-1} 和 Y 的最长公共子序列。得证。

（3）采用反证法证明。

证明与（2）类似，留给读者练习。

由此可见，两个序列的最长公共子序列包含了这两个序列前缀的最长公共子序列。因此最长公共子序列问题具有最优子结构性质。根据最长公共子序列问题的最优子结构性质可知，要找出序列 $X = \{x_1, x_2, \cdots, x_m\}$ 和 $Y = \{y_1, y_2, \cdots, y_n\}$ 的最长公共子序列，可以按照如下方法递归进行：

（1）当 $x_m = y_n$ 时，先找出 X_{m-1} 和 Y_{n-1} 的最长公共子序列，然后在其尾部加上 $x_m (= y_n)$ 即可得到 X 和 Y 的最长公共子序列。

（2）当 $x_m \neq y_n$ 时，则可以找出"X_{m-1} 和 Y 的一个最长公共子序列 Z_1"和"X 和 Y_{n-1} 的一个最长公共子序列 Z_2"，则 Z_1 和 Z_2 中较长者即为 X 和 Y 的最长公共子序列。

由上述递归结构容易看出，最长公共子序列问题具有子问题重叠性质。如在计算 X 和 Y 的最长公共子序列时，可能要计算 X 和 Y_{n-1} 以及 X_{m-1} 和 Y 的最长公共子序列。而这两个子问题都包含一个公共子问题，即计算 X_{m-1} 和 Y_{n-1} 的最长公共子序列。

由最长公共子序列问题的最优子结构性质可以建立子问题最优值的递归关系。和矩阵连乘积问题的处理思路类似，定义序列 $X = \{x_1, x_2, \cdots, x_m\}$ 和 $Y = \{y_1, y_2, \cdots, y_n\}$ 的子问题，用 $c[i][j]$ 记录序列 X_i 和 Y_j 的最长公共子序列的长度。其中 $X_i = \{x_1, x_2, \cdots, x_i\}$，$Y_j = \{y_1, y_2, \cdots, y_j\}$。

（1）当 $i = 0$ 或 $j = 0$ 时，空序列是 X_i 和 Y_j 的最长公共子序列。故此时 $c[i][j] = 0$。

（2）其他情况下，由最优子结构性质可建立递归关系如下（状态方程）：

$$c[i][j] = \begin{cases} 0, & i = 0, j = 0 \\ c[i-1][j-1] + 1, & i, j > 0; x_i = y_j \\ \max\{c[i][j-1], c[i-1][j]\}, & i, j > 0; x_i \neq y_j \end{cases} \qquad (8.4)$$

利用式（8.4）可以很容易写出计算 $c[i][j]$ 的递归算法。和矩阵连乘积问题一样，LCS 问题具有子问题重叠性，适于用动态规划法求解。下面的代码给出了根据式（8.4）设计的动态规划算法。函数 CalcLCSLength 中的输入是序列值，输出两个数组 c 和 b。其中 $c[i][j]$ 储存 X_i 和 Y_i 的最长公共子序列的长度，$b[i][j]$ 记录 $c[i][j]$ 的值是由哪一个子问题的解得到的,这在构造最长公共子序列时要用到。关系如表 8.2 所示。

表 8.2 $b[i][j]$ 数组的含义

$b[i][j]$ 的值	含 义
1	若 $x_m = y_n$,则 $z_k = x_m = y_n$,且 Z_{k-1} 是 X_{m-1} 和 Y_{n-1} 的最长公共子序列
2	若 $x_m \neq y_n$ 且 $z_k \neq x_m$,则 Z 是 X_{m-1} 和 Y 的最长公共子序列
3	若 $x_m \neq y_n$ 且 $z_k \neq y_n$,则 Z 是 X 和 Y_{n-1} 的最长公共子序列

【动态规划法求 LCS 问题的最优值代码】

```
//动态规划法求最长公共子序列问题的最优值...
void CalcLCSLength(int m,int n,char * x,char * y,int **c,int **b)
{
  int i,j;

  for (i=1;i<=m;i++) c[i][0]=0;
  for (i=1;i<=n;i++) c[0][i]=0;

  for (i=1;i<=m;i++)
  {
    for (j=1;j<=n;j++)
    {
      if (x[i]==y[j])
      {
        c[i][j]=c[i-1][j-1]+1;
          b[i][j]=1;
      }
      else if (c[i-1][j]>=c[i][j-1])
      {
        c[i][j]=c[i-1][j];
          b[i][j]=2;
      }
      else
      {
        c[i][j]=c[i][j-1];
          b[i][j]=3;
      }
    }
  }
}
```

上述代码自底向上计算 LCS 问题的最优值,X 和 Y 最长公共子序列的长度记录于 $c[m][n]$ 中。由函数 CalcLCSLength 计算得到的数组 b 可用于快速构造序列 $X = \{x_1, x_2, \cdots, x_m\}$ 和 $Y = \{y_1, y_2, \cdots, y_n\}$ 的最长公共子序列。具体做法为:首先从 $b[m][n]$ 开始,

依其值在数组 b 中搜索。

（1）当 $b[i][j]=1$ 时，表示 X_i 和 Y_j 的最长公共子序列是由 X_{i-1} 和 Y_{j-1} 的最长公共子序列在尾部加上 x_i 所得到的子序列。

（2）当 $b[i][j]=2$ 时，表示 X_i 和 Y_j 的最长公共子序列与 X_{i-1} 和 Y_j 的最长公共子序列相同。

（3）当 $b[i][j]=3$ 时，表示 X_i 和 Y_j 的最长公共子序列与 X 和 Y_{j-1} 的最长公共子序列相同。

代码如下所示。

【递归算法求 LCS 问题的最优解代码】

```
//动态规划法求最长公共子序列问题的最优解...
void GetLCS(int i,int j,char * x,int **b)
{
  if ((i==0) || (j==0)) return;
  if (b[i][j]==1)
  {
    GetLCS(i-1,j-1,x,b);
    printf("%c",x[i]);
  }
  else if (b[i][j]==2)
    GetLCS(i-1,j,x,b);
  else
    GetLCS(i,j-1,x,b);
}
```

图 8.4 给出了 CalcLCSLength 和 GetLCS 函数的运行过程示意。求解两个序列 X= cnblogs，Y = belong 的 LCS 问题。利用 CalcLCSLength 函数可以计算得到存储 LCS 长度的 c 数组和存储最优子结构性质标记的 b 数组。数组元素 $c[7][6]$ 的值为 4，表示 X 和 Y 的最长公共子序列的长度为 4。由 b 数组可以得到这个序列。由 GetLCS 函数，数组元素 $b[7][6]$ 的值为 2，根据 b 数组的定义，值为 2 表示使用 LCS 问题最优子结构性质的第 2 条内容，即"X_i 和 Y_j 的最长公共子序列与 X_{i-1} 和 Y_j 的最长公共子序列相同"，意味着在 b 数组中列不变（代表 Y），行减一（代表 X）；继续访问 b 数组元素，得到 $b[6][6]$ 的值为 1，根据 b 数组的定义，值为 1 表示使用 LCS 问题最优子结构性质的第 1 条内容，即"X_i 和 Y_j 的最长公共子序列是由 X_{i-1} 和 Y_{j-1} 的最长公共子序列在尾部加上 x_i 所得到的子序列"，则意味着在 b 数组中行、列各减一，同时要输出对应的字符"g"；继续访问 b 数组元素，得 $b[5][5]$ 的值为 3，根据 b 数组的定义，值为 3 表示使用 LCS 问题最优子结构性质的第 3 条内容，即"X_i 和 Y_j 的最长公共子序列与 X_i 和 Y_{j-1} 的最长

c[i][j]

		b	e	l	o	n	g
	0	0	0	0	0	0	0
c	0	0	0	0	0	0	0
n	0	0	0	0	0	1	1
b	0	1	1	1	1	1	1
l	0	1	1	2	2	2	2
o	0	1	1	2	3	3	3
g	0	1	1	2	3	3	4
s	0	1	1	2	3	3	4

b[i][j]

		b	e	l	o	n	g
	0	0	0	0	0	0	0
c	0	2	2	2	2	2	2
n	0	2	2	2	2	1	3
b	0	1	3	3	3	2	2
l	0	2	2	1	3	3	3
o	0	2	2	2	1	3	3
g	0	2	2	2	2	2	1
s	0	2	2	2	2	2	2

图 8.4　LCS 问题求解过程示意图

公共子序列相同”，则意味着在 b 数组中行不变(代表 X)，列减一(代表 Y)；继续访问 b 数组元素，得 $b[5][4]$ 的值为 1，同理输出对应的字符“o”。以此类推，直到处理完毕，可得 LCS 的值为“blog”。

8.3.2 编辑距离问题

编辑距离问题是和 LCS 问题类似的字符串相似性度量问题。编辑距离又称 Levenshtein 距离，由俄罗斯科学家 Vladimir Levenshtein 在 1965 年提出。对任意给定的两个字符串 A 和 B，编辑距离是把字符串 A 通过“插入、删除和替换”三种编辑操作变成字符串 B 所需要的最少操作次数。如把字符串 abc 转换成字符串 cba 可有多种方法。方法一是用替换操作将 abc 变为 cbc；继续替换操作将 cbc 变为 cba，需要 2 步操作。方法二是把 abc 的末尾 bc 删除，再在头部添加 cb。需要 4 步操作。仔细分析可知，abc 转换成 cba 的编辑距离为 2。

和矩阵连乘积及 LCS 问题类似，动态规划法求解编辑距离问题有如下步骤：

步骤 1，考查编辑距离问题的最优子结构性质。编辑距离问题需要多个步骤处理。对字符串 A 做最小的修改变换到字符串 B，每个步骤都不是独立的，受前面已经确定的步骤和后面可选步骤的共同影响。设字符串 A 有 m 个字符，字符串 B 有 n 个字符。假定已经得到将 A 的 $1\sim m$ 个字符转换为 B 的 $1\sim n$ 个字符所需要的最优解，即最少编辑次数；那么其子问题“将 A 的 $1\sim i$ 个字符转换为 B 的 $1\sim j$ 个字符”也一定是最优的，否则(反证法)，存在一个子问题的最优解，从而导致整个问题有一个更少的编辑次数，这和已知的最优解矛盾。所以编辑距离存在最优子结构性质。

步骤 2，建立递归关系。根据其子问题的描述，定义 $d[i,j]$ 表示字符串 A 的前 i 个字符 $A[1..i]$(可简记为 A_i)和字符串 B 的前 j 个字符 $B[1..j]$(可简记为 B_j)之间的编辑距离。计算 $d[i,j]$ 的递推关系如下：

边界值的处理：

(1) 若 $i=0,j=0$，则 $d[i,j]=0$(如果 A 和 B 都是空串，显然编辑距离为 0)。

(2) 若 $i=0,j>0$，则 $d[i,j]=j$(可以采用 j 步插入操作把空串 A 变成 B)。

(3) 若 $i>0,j=0$，则 $d[i,j]=i$(可以采用 i 步删除操作把 A 变成空串 B)。

非边界值的处理：当 $i>0,j>0$ 时，

(1) 如果 $A[i]=B[j]$，则 $d[i,j]=d[i-1,j-1]+0$(+0 表示 0 步操作)。

说明：如果 A_i 的最后一个字符 $A[i]$ 和 B_j 的最后一个字符 $B[j]$ 相等，那么只需要将 A_{i-1}(A_i 的前 $i-1$ 个字符)转换为 B_{j-1}(B_j 的前 $j-1$ 个字符)即可，该转换的编辑距离值为 $d[i-1,j-1]$，就是 $d[i,j]$ 的值。

(2) 如果 $A[i]\neq B[j]$，则根据插入、删除和替换三个策略，分别计算出使用三种策略得到的编辑距离，然后取最小的一个：

$$d[i,j]=\min\{d[i,j-1]+1,d[i-1,j]+1,d[i-1,j-1]+1\}.$$

其中，$d[i,j-1]+1$ 表示执行“插入”操作后计算编辑距离(+1 表示执行了一步操作，下同)。

$d[i-1,j]+1$ 表示执行"删除"操作后计算编辑距离。

$d[i-1,j-1]+1$ 表示执行"替换"操作后计算编辑距离。

说明：如果 A_i 的最后一个字符 $A[i]$ 和 B_j 的最后一个字符 $B[j]$ 不相等，根据编辑距离的定义，只能通过"插入、删除、替换"三种操作进行字符串转换。所以需要判断这三种操作中哪种步数是最少的。

插入操作：可以先将 A_i 转换为 B_{j-1}，则编辑距离值为 $d[i,j-1]$。然后通过1步"插入"操作，即在 B_{j-1} 末尾增加字符 $B[j]$ 即可将 A_i 转换为 B_j，则有 $d[i,j]=d[i,j-1]+1$。

删除操作：可以先将 A_i 末尾字符 $A[i]$ 通过1步"删除"操作删掉，则 A_i 变为 A_{i-1}。之后将 A_{i-1} 转换为 B_j，则有 $d[i,j]=d[i-1,j]+1$。

替换操作：可以先将 A_{i-1} 转换为 B_{j-1}，则编辑距离值为 $d[i-1,j-1]$。然后通过1步"替换"操作，将 A_i 末尾字符 $A[i]$ 转换为 $B[j]$，即可将 A_i 转换为 B_j，则有 $d[i,j]=d[i-1,j-1]+1$。

综上，可得 $d[i,j]$ 的递推关系如下：

$$d[i,j]=\begin{cases} 0, & i=0,j=0 \\ j, & i=0,j>0 \\ i, & i>0,j=0 \\ d[i-1,j-1]+0, & i>0,j>0,A[i]=B[j] \\ \min\{d[i,j-1]+1,d[i-1,j]+1, \\ \quad d[i-1,j-1]+1\}, & i>0,j>0,A[i]\neq B[j] \end{cases} \tag{8.5}$$

根据式(8.5)，可得使用动态规划法求解编辑距离问题的算法。

【动态规划法求编辑距离问题代码】

```
//取3个整数中的最小值...
int FindMin(int a, int b, int c)
{
    int t=(a<b)?a:b;
    return ((t<c)?t:c);
}


//计算将字符串A转换为字符串B的编辑距离...
int CalcEditDistance(char * A, char * B, int **d)
{
    for(int i=0; i<=strlen(A); i++)
        d[i][0]=i;

    for(int j=0; j<=strlen(B); j++)
        d[0][j]=j;

    for(int i=1; i<=strlen(A); i++)
    {
```

```
    for(int j=1; j<=strlen(B); j++)
    {
      if((A[i-1]==B[j-1]))
      {
        d[i][j]=d[i-1][j-1];                    //不需要编辑操作...
      }
      else
      {
        int InsStepNum=d[i][j-1] +1;            //插入字符...
        int DelStepNum=d[i-1][j] +1;            //删除字符...
        int RepStepNum=d[i-1][j-1] +1;          //替换字符...

        d[i][j]=FindMin(InsStepNum, DelStepNum, RepStepNum);
      }
    }
  }

  return d[strlen(A)][strlen(B)];
}
```

8.4 数字三角形问题

　　数字三角形问题是一个有趣的数字游戏,问题描述为:给定一个由 n 行数字组成的数字三角形,如图 8.5 所示。试设计一个算法,计算出从三角形的顶至底的一条路径,使该路径经过的数字总和最大。约束条件是每个数字只有"左下方"和"右下方"两个行进方向。图 8.5(a)所示的数字三角形中满足要求的路径为 **7-3-8-7-5**,数字总和为 30。

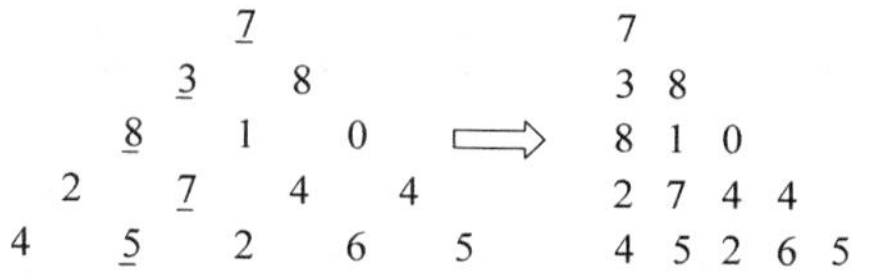

```
          7                    7
        3   8                3   8
      8   1   0    ⟹       8   1   0
    2   7   4   4          2   7   4   4
4   5   2   6   5          4   5   2   6   5
    (a) 数字三角形          (b) 转化后的形式
```

图 8.5　数字三角形问题

　　为了便于存储所给的数字三角形内容,可将如图 8.5(a)所示的数字三角形转化为图 8.5(b)的形式。这样可以用下三角矩阵来存储各个数字。数字三角形问题也具有最优子结构和重叠子问题性质。前者表述为从下往上看,"最底层到底 $n-1$ 层"的最优解包含了"最底层到底 n 层"的最优解;后者表述为若要求从最底层到 n 层的解需求从最低层到 $n-1$ 层的解。数字三角形具有非常明显的子问题重叠性质,如图 8.5(a)中的两条路径"**7-3-8**-2-4"和"**7-3-8**-7-5"都经过了路径"7-3-8",因此数字三角形问题可以采用动态规划法求解。

【动态规划法求数字三角形问题代码】

```
//动态规划求数字三角形问题...
int CalcTriArrayMaxPathNum(int **TriArray,int n)
{
```

```
    int i,j;

    //三角形从下向上处理...
    for(i=n-1;i>=1;i--)
    (
       for(j=1;j<=i;j++)
    {
        //令 TriArray 表示数字三角形转换成的二维矩阵(图 8.5(b)的形式)...
        if(TriArray[i+1][j]>TriArray[i+1][j+1])
          TriArray[i][j]+=TriArray[i+1][j];
        else
          TriArray[i][j]+=TriArray[i+1][j+1];
      }
    }
    return TriArray[1][1];
}
```

8.5 0-1 背包问题

0-1 背包问题是一个经典问题,其描述为:给定 n 种物品和一个背包,物品 i 的重量是 w_i,价值为 v_i,背包容量为 c。应如何选择装入背包中的物品,使得装入背包中物品的总价值最大?在选择装入背包的物品时,对每种物品 i 只有两种选择,即装入背包(状态为 1)或不装入背包(状态为 0)。物品 i 最多只能装入背包 1 次,不能只装入物品 的一部分。用数学语言来描述 0-1 背包问题就是给定 $c>0, w_i>0, v_i>0, 1 \leqslant i \leqslant n$,要求找出一个 n 元 0-1 向量 $(x_1, x_2, \cdots, x_n), x_i \in \{0,1\}, 1 \leqslant i \leqslant n$,使得 $\sum_{i=1}^{n} w_i x_i \leqslant c$,而且 $\sum_{i=1}^{n} v_i x_i$ 达到最大。

0-1 背包问题具有最优子结构性质,可以表述为:设 $\{y_1, y_2, \cdots, y_n\}$ 是所给 0-1 背包问题的一个最优解,则 $\{y_2, y_3, \cdots, y_n\}$ 是下面相应子问题的一个最优解。

$$\max \sum_{i=2}^{n} v_i x_i, \begin{cases} \sum_{i=2}^{n} w_i x_i \leqslant c - w_1 y_1 \\ x_i \in \{0,1\}, 2 \leqslant i \leqslant n \end{cases}$$

【证明】 采用反证法。假定 $\{y_2, y_3, \cdots, y_n\}$ 不是最优解,那么设 $\{z_2, z_3, \cdots, z_n\}$ 是上述子问题的一个最优解,则有 $\sum_{i=2}^{n} v_i z_i > \sum_{i=2}^{n} v_i y_i$(因为假设 $\{z_2, z_3, \cdots, z_n\}$ 是最优解,所以取得的总价值更大),且有 $w_1 y_1 + \sum_{i=2}^{n} w_i z_i \leqslant c$(总重量不能超过背包容量)。因此 $v_1 y_1 + \sum_{i=2}^{n} v_i z_i > v_1 y_1 + \sum_{i=2}^{n} v_i y_i = \sum_{i=1}^{n} v_i y_i, w_1 y_1 + \sum_{i=2}^{n} w_i z_i \leqslant c$。这说明 $\{y_1, z_2, \cdots, z_n\}$ 是所给 0-1 背包问题的一个更优解,从而 $\{y_1, y_2, \cdots, y_n\}$ 不是所给 0-1 背包问题的最优解,产生矛盾。得证。

0-1 背包问题的状态方程可以推导如下：设所给 0-1 背包问题的子问题 $\max\sum\limits_{k=i}^{n}v_kx_k$，

$\begin{cases} \sum\limits_{k=i}^{n}w_kx_k \leqslant j \\ x_k \in \{0,1\}, i \leqslant k \leqslant n \end{cases}$ 的最优值为 $m(i,j)$，即 $m(i,j)$ 是背包容量为 j，可选择物品为 i，

$i+1,\cdots,n$ 时 0-1 背包问题的最优值。由 0-1 背包问题的最优子结构性质，可以建立计算 $m(i,j)$ 的递归式如下：

$$m(i,j) = \begin{cases} \max\{m(i+1,j), m(i+1,j-w_1)+v_i\}, & j \geqslant w_i \\ m(i+1,j) & 0 \leqslant j < w_i \end{cases}$$

$$m(n,j) = \begin{cases} v_n, & j \geqslant w_n \\ 0, & 0 \leqslant j < w_n \end{cases} \tag{8.6}$$

式(8.6)的推导过程为：

(1) 当 $j \geqslant w_i$ 时，表示背包可以放下第 i 件物品(因为背包容量 $j \geqslant$ 第 i 件物品的重量 w_i)。对于第 i 件物品，可以放入背包也可以不放入；如果不放入，则意味着从第 $i+1, i+2, \cdots, n$ 件物品中选择，依照 $m(i,j)$ 的定义，此值即为 $m(i+1,j)$；如果放入，那么可以继续从第 $i+1, i+2, \cdots, n$ 件物品中选择，剩下的"可用背包容量"则为 $j-w_i$(因为第 i 件物品已经放入背包)。依照 $m(i,j)$ 的定义，从剩下的第 $i+1, i+2, \cdots, n$ 件物品中选择的最优值为 $m(i+1, j-w_i)$。同时因为第 i 件物品已经放入背包，所以增加了 v_i 的价值，则结果为 $m(i+1, j-w_i)+v_i$；最终的最优值为 $\max\{m(i+1,j), m(i+1, j-w_i)+v_i\}$；

(2) 当 $0 \leqslant j < w_i$ 时，表示背包不能放下第 i 件物品(因为背包容量 $j <$ 第 i 件物品的重量 w_i)，那么只能从第 $i+1, i+2, \cdots, n$ 件物品中选择，依照 $m(i,j)$ 的定义，此值即为 $m(i+1,j)$；

(3) $m(n,j) = \begin{cases} v_n, & j \geqslant w_n \\ 0, & 0 \leqslant j < w_n \end{cases}$ 的含义和上述(1)、(2)类似。当 $i=n$ 时，$i+1$ 没有定义，所以对这种情况特殊处理，即特别讨论 $m(n,j)$ 的值。

根据式(8.6)，可以写出采用动态规划法求 0-1 背包问题的代码。

【动态规划法求 0-1 背包问题代码】

```
//取 2 个整数中的最大值...
int FindMax(int a,int b)
{
  return ((a>b)? a:b);
}


//动态规划法求 0-1 背包问题...
//n-物品数目 c-背包容量 w-物品重量 v-物品价值
int DPKnapsack(int n,int c,int w[],int v[])
{
  int i,j;
```

```
//初始化...
for (j=0;j<=c;j++)
{
  if (j>=w[n])
    m[n][j]=v[n];
  else
    m[n][j]=0;
}

for (i=n-1;i>=0;i--)
{
  for (j=0;j<=c;j++)
  {
    if (j>=w[i])
      m[i][j]=FindMax(m[i+1][j],m[i+1][j-w[i]]+v[i]);
    else
      m[i][j]=m[i+1][j];
  }
}

return m[1][c];
}
```

8.6 习题

1. 利用动态规划法计算如下的矩阵连乘积最小数乘次数问题：$A1 \times A2 \times A3 \times A4$，其中 $A1$：30×35　$A2$：35×15　$A3$：15×5　$A4$：5×10。请计算下列 m 数组中标记为？位置的值，并写出计算过程。

$$m = \begin{bmatrix} 0 & 15\,750 & 7\,875 & ? \\ 0 & 0 & 2\,625 & ? \\ 0 & 0 & 0 & 750 \\ 0 & 0 & 0 & 0 \end{bmatrix}$$

2. 某公司要开发一个软件，主要功能是自动测试用户录入文字的正确性并评分。通过对用户录入文本和参考文本进行比对，判定录入文本的正确性。在文字录入中，由于出现错字、漏字、多字使得输入文本和参考文本之间存在差异，软件在自动评分时对样本字符串和输入字符串之间进行比较判定两者的相似度。请为该软件设计一个算法，可以自动判定用户正确录入的字符个数。

3. 设 I 是一个 n 位十进制整数，如果将 I 划分为 k 段，则可以得到 k 个整数。这 k 个整数的乘积称为 I 的一个 k 乘积。试设计一个算法，对于给定的 I 和 k，求出 I 的最大 k 乘积。

4. 给定由 n 个整数(可能为负整数)组成的序列 $a_1, a_2, \cdots, a_n$，求该序列形如 $\sum_{k=i}^{j} a_k$ 的子段和的最大值。当所有整数均为负整数时定义其最大子段和为 0。

5. 给定凸多边形 P 及定义在由多边形的边和弦组成的三角形上的权函数 w。要求确定该凸多边形的三角剖分，使得即该三角剖分中诸三角形上权之和为最小。

6. 有一个箱子容量为 V(正整数)，同时有 n 个物品，每个物品有一个体积(正整数)。要求 n 个物品中，任取若干个装入箱内，使箱子的剩余空间为最小。

7. 找出由 n 个数组成的序列的最长单调递增子序列。

8. 游艇俱乐部在江上设置了 n 个游艇出租站 $1, 2, \cdots, n$。游客可以在这些游艇出租站租用游艇，并在下游的任何一个游艇出租站归还游艇。游艇出租站 i 到游艇出租站 j 之间的租金为 $r(i, j), 1 \leqslant i < j \leqslant n$。试设计一个算法，计算出从游艇出租站 1 到游艇出租站 n 所需的最少租金。

第9章 贪 心 法

和动态规划法一样,贪心算法也是一种求最值问题的解题策略。贪心算法总是做出在当前看来最好的选择,也就是说,贪心算法并不考虑整体最优,它所做出的选择只是在某种意义上的局部最优选择。相对于动态规划法而言,贪心法算法简单、效率高,是一种广泛使用的算法。本章通过活动安排、最优装载、最优分解和单源最短路径等问题介绍了贪心算法的思想和解题框架。

9.1 概述

先从一个简单的例子来看贪心算法的基本思想。

【例9.1】 找硬币问题:要找给顾客六角三分钱,现有四种硬币,面值分别为:二角五分、一角、五分、一分。要求找出的硬币个数最少,采用何种方案?

【分析】 找硬币问题定义为用最少的硬币数找 n 分钱,假设每个硬币值都是整数。该问题具有最优子结构性质,可以用反证法证明:假设对找 n 分钱有最优解,而且最优解中使用了面值 c 的硬币,最优解使用了 k 个硬币。那么这个最优解包含了对于找 $n-c$ 分钱的最优解。显然,$n-c$ 分钱中使用了 $k-1$ 个硬币(因为有 1 个硬币是 c 分钱)。如果 $n-c$ 分钱还有一个解使用了比 $k-1$ 少的硬币,那么使用这个解可以为找 n 分钱产生小于 k 个硬币的解(因为有 1 个硬币是 c 分钱)。与假设矛盾。

找硬币问题具有最优子结构性质,可以考虑采用动态规划算法求解。但还有一个更简单的解法:先选出一个不超过六角三分的最大面值硬币,即二角五分;减去二角五分得三角八分,再次选出一个不超过三角八分的最大面值硬币,即二角五分;如此一直做下去,可以得到一个解:2 个二角五分、1 个一角、3 个一分的硬币。这个做法就是贪心算法(Greedy algorithm)。贪心算法总是做出在当前看来最好的选择,它所做出的选择只是在某种意义上的局部最优选择。虽然贪心算法不能对所有问题都得到整体最优解,但对许多问题它都能产生整体最优解。在一些情况下,即使贪心算法不能得到整体最优解,其最终结果却是最优解的很好近似。找硬币问题用贪心法更简单,更直接且解题效率更高。

贪心算法不是为求整体最优解而设计的,在某些问题中它得不到整体最优解。如找硬币问题中把硬币面值改为:一角一分、五分、一分。要找一角五分钱,要求找出的硬币个数最少,采用何种方案?如果采用贪心法,得到的解是:1 个一角一分、4 个一分。显然最优解是 3 个五分。

9.2 活动安排问题

活动安排问题要求高效安排一系列争用某一公共资源的活动。贪心算法提供了一个简单、高效的算法使得尽可能多的活动能兼容地使用公共资源。

活动安排问题的定义如下：设有 n 个活动的集合 $E=\{1,2,\cdots,n\}$，每个活动都要求使用同一资源，如演讲会场、教室、活动场馆等。在同一时间内只有一个活动能使用这一资源（具有排他性）。每个活动 i 都有一个要求使用该资源的起始时间 s_1 和一个结束时间 f_i，且 $s_i<f_i$。如果选择了活动 i，则它在半开时间区间 $[s_i,f_i)$ 内占用资源。若区间 $[s_i,f_i)$ 和 $[s_j,f_j)$ 不相交，则称活动 i 与活动 j 是相容的。也即当 $s_i\geqslant f_j$ 或 $s_j\geqslant f_i$ 时，活动 i 与活动 j 相容。活动安排问题就是要在所给的活动集合中选出最大的相容活动子集合。

根据日常生活的经验，如果在活动相容的前提下优先安排结束早的活动，那么就可以为未安排的活动留下尽可能多的时间，以便安排尽可能多的相容活动。这就是活动安排问题中的贪心选择策略，按照这种策略可以安排最多的相容活动数。下述代码给出了依据贪心策略设计的算法，函数 GAArrangeActivities 的入口参数 f 表示各活动的结束时间，在传入函数时经过排序，排序后各活动的结束时间按照非减序 $f_1\leqslant f_2\leqslant\cdots\leqslant f_n$ 排列。

【贪心算法求活动安排问题代码】

```
//贪心算法求活动安排问题...
//n-活动个数 s-活动开始时间 f-活动结束时间 A-活动选择标记
void GAArrangeActivities(int n,int s[],int f[],bool A[])
{
  A[1]=true;
  int j=1;

  for (int i=2;i<=n;i++)
  {
    if (s[i]>=f[j])
      {
        A[i]=true;
        j=i;
      }
    else
      A[i]=false;
  }
}
```

上述代码的效率很高。当输入的活动已按结束时间非减序排列，算法只需 $O(n)$ 的时间复杂度来安排 n 个活动，使最多的活动能相容地使用公共资源。如果所给出的活动未按非减序排列，可以用 $O(n\log n)$ 的时间先进行排序。下面以一个实例来说明上述算法的计算过程。表 9.1 给出了待安排的 11 个活动，结束时间 $f[i]$ 已经按照非减序排列。图 9.1 给出了采用贪心算法的活动安排问题的计算过程图。

表 9.1 待安排的活动表

i	1	2	3	4	5	6	7	8	9	10	11
$s[i]$	1	3	0	5	3	5	6	8	8	2	12
$f[i]$	4	5	6	7	8	9	10	11	12	13	14

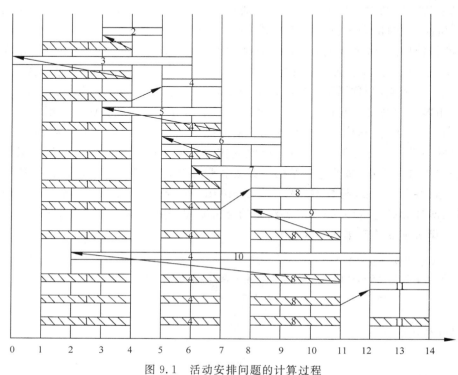

图 9.1 活动安排问题的计算过程

　　如图 9.1 所示,水平轴是时间轴,柱状条左端表示活动开始时间,右端表示活动结束时间。阴影柱状条表示已经被安排的活动,空心柱状条表示未被安排的活动。箭头表示判断当前被加入的活动和待选择活动之间是否相容。上述代码中的变量 A 是布尔数组,如果 $A[i]$ 的值为 1,则表示活动 i 被安排。由代码可知,活动 1 首先被安排并被设置为当前被加入的活动(用变量 j 表示),之后依次判断活动 2~n 是否和当前被加入的活动相容。判断的依据是待判别活动的开始时间不早于当前被加入活动的结束时间。如果一个新的活动被选中,则其编号设置为变量 j 的值。图 9.1 中先选择了活动 1(阴影柱状条),之后活动 2、3 的开始时间都小于活动 1 的结束时间,所以不能安排;活动 4 的开始时间大于活动 1 的结束时间,所以活动 4 被选为相容活动,同时设置活动 4 为当前被加入的活动;之后以此类推,直到所有的活动被处理完毕为止。

　　对于活动安排问题,贪心算法 GAArrangeActivities 可以求得整体最优解,即它最终所确定的相容活动集合 A 的规模最大。这个结论可以用数学归纳法证明如下。

【证明】

（1）首先证明"活动安排问题有一个最优解以贪心选择开始,即该最优解中包含活动

1"。设 $E=\{1,2,\cdots,n\}$ 为所给的活动集合,由于 E 中活动按结束时间的非减序排序 $(f_1\leqslant f_2\leqslant\cdots\leqslant f_n)$,所以活动 1 具有最早完成时间。由于算法 GAArrangeActivities 每次总是选择具有最早完成时间的相容活动,所以从直观上说,按这种方法选择相容活动会为未安排活动留下尽可能多的时间。也就是说,该算法的贪心选择的意义是使剩余的可安排时间段极大化,以便安排尽可能多的相容活动。那么活动 1 被首先选择。假设 $A\subseteq E$ 是所给的活动安排问题的一个最优解,而且 A 中活动也按照结束时间的非减序排序,A 中的第一个活动是活动 k。

(1-1) 若 $k=1$,则 A 就是一个以贪心选择开始的最优解;

(1-2) 若 $k>1$,则设 $B=(A-\{k\})\bigcup\{1\}$(即从 A 中除去活动 k,加上活动 1)。由于 $f_1\leqslant f_k$,且 A 中活动是相容的,所以显然 B 中活动也是相容的。又由于 B 中的活动个数和 A 中的活动个数相同,且 A 是最优的,所以 B 也是最优的。即 B 是以贪心选择活动 1 开始的最优活动安排。由此可见,总存在以贪心选择开始的最优活动安排方案。

(2) 在做了贪心选择,即选择活动 1 后,原问题就简化为对 E 中所有与活动 1 相容的活动进行活动安排的子问题。即"若 A 是原问题的最优解,则 $A'=A-\{1\}$ 是活动安排问题 $E'=\{i\in E:s_i\geqslant f_1\}$ 的最优解"。采用反证法,事实上,如果能找到 E' 的一个解 B',它包含比 A' 更多的活动(即 B' 相对于 A' 是一个最优解),则将活动 1 加入到 B' 中将产生 E 的一个解 B,它包含比 A 更多的活动。这与 A 的最优性矛盾则,得证。

(3) 综上可知,每一步所做的贪心选择都将问题简化为一个更小的与原问题具有相同形式的子问题。对贪心选择次数用数学归纳法可知,贪心算法 GAArrangeActivities 最终产生原问题的最优解。

一般而言,对于一个具体的问题,怎么知道是否可用贪心算法解此问题,以及能否得到问题的最优解呢? 对这个问题很难给予肯定的回答。但是,从包括活动安排问题在内的许多可以用贪心算法求解的问题中看到这类问题一般具有两个重要的性质:贪心选择性质和最优子结构性质。

贪心选择性质是指所求问题的整体最优解可以通过一系列局部最优的选择,即贪心选择来达到。这是贪心算法的最根本性质。动态规划法求解问题的方式是以自底向上的方式解各子问题,贪心算法则通常以自顶向下的方式进行,以迭代的方式做出后续的贪心选择。每做一次贪心选择就将所求问题简化为规模更小的子问题。贪心选择性质是贪心算法与动态规划算法的主要区别。

最优子结构性质指一个问题的最优解包含其子问题的最优解。从上述证明贪心算法 GAArrangeActivities 能求得的整体最优解的过程中就看到了最优子结构性质,即"若 A 是原问题的最优解,则 $A'=A-\{1\}$ 是活动安排问题 $E'=\{i\in E:s\geqslant f_1\}$ 的最优解"。

9.3 贪心算法和动态规划算法关系

贪心算法和动态规划算法都要求问题具有最优子结构性质,这是两类算法的一个共同点。具有最优子结构的问题应该选用贪心算法还是动态规划算法求解? 用动态规划算法求解的问题是否也能用贪心算法求解? 下面通过两个例子加以说明。

0-1 背包问题：给定 n 种物品和一个背包，物品 i 的重量是 w_i，其价值为 v_i，背包的容量为 c。应该如何选择装入背包中的物品，使装入背包中物品的总价值最大？在选择装入背包的物品时，对每种物品 i 只有两种选择，即装入背包（状态为 1）或不装入背包（状态为 0）。不能将物品 i 装入背包多次，也不能只装入部分的物品 i。在第 8 章中已经详细讨论过它的动态规划算法。

背包问题：给定 n 种物品和一个背包，物品 i 的重量是 w_i，其价值为 v_i，背包的容量为 c。应该如何选择装入背包中的物品，使得装入背包中物品的总价值最大？在选择装入背包的物品时，可以选择物品 i 的一部分，而不一定要全部装入背包。

由上述描述可以看出，0-1 背包问题和背包问题的差别就在于装入物品的方式。这两类问题都具有最优子结构性质，极为相似。"0-1 背包问题"的最优子结构性质可以表述为：设 A 是能够装入容量为 c 的背包的具有最大价值的物品集合，则 $Aj = A - \{j\}$ 是 $n-1$ 个物品 $1, 2, \cdots, j-1, j+1, \cdots, n$ 可装入容量为 $c - wj$ 的背包的具有最大价值的物品集合；"背包问题"的最优子结构性质可以表述为：若背包问题的一个最优解包含物品 j，则从该最优解中拿出所含的物品 j 的那部分重量 w，剩余的将是 $n-1$ 个原重物品 $1, 2, \cdots, j-1, j+1, \cdots, n$（即物品的重量没有改变）及重为 $wj - w$ 的物品 j 中可装入容量为 $c - w$ 的背包且具有最大价值的物品。背包问题可以用贪心算法求解，而 0-1 背包问题不能用贪心算法求解。下面先给出用贪心算法解背包问题的方法，然后讨论为何 0-1 背包问题不能用贪心算法求解。

贪心算法求解背包问题的方法如下：首先计算每种物品单位重量的价值 vi/wi，然后依贪心选择策略，将尽可能多的单位重量价值最高的物品装入背包。若将这种物品全部装入背包后，背包内的物品总重量未超过 c，则选择单位重量价值次高的物品并尽可能多地装入背包。依此策略一直地进行下去，直到背包装满为止。从日常生活经验出发很容易理解这个贪心算法。比如搬家时要把家里值钱的东西装入背包收起来，应该怎样装东西？显然应尽量先把又值钱又轻巧（即单位重量价值高）的东西如现金、存折、珠宝首饰收拾起来，这就是贪心法求解背包问题的思想。

【贪心算法求解背包问题代码】

```
//贪心算法求解背包问题...
//n-物品数量 M-背包容量 v-物品价值 w-物品重量 x-物品装入背包状态
void GAKnapsack(int n,float M,float v[],float w[],float x[])
{
  Sort(n,v,w);//将各种物品依其单位重量的价值从大到小排序...

  int i;
  for (i=1;i<=n;i++) x[i]=0;

  float c=M;
  for (i=1;i<=n;i++)
  {
    if (w[i]>c) break;
```

```
        x[i]=1;//物品 i 全部装入...
        c-=w[i];
    }
    if (i<=n) x[i]=c/w[i];//物品 i 部分装入...
}
```

这种贪心选择策略对 0-1 背包问题不适用,下面可以举例说明。

如图 9.2(a)所示,给出了物品 1、2、3 的重量和价值,则对应的单位重量价值依次为 $60/10=6$、$100/20=5$ 和 $120/30=4$。物品 1 的单位重量价值最高,物品 3 最低。按照前述的贪心策略,应尽可能将物品 1 装入背包;图 9.2(b)是按照贪心策略求解 0-1 背包问题时的情况,可见如果先装物品 1,则只能取得 160 或 180 的价值,而最优方案是装入物品 2 和 3,可以取得 220 的价值。所以 0-1 背包问题采用贪心算法并不能得到最优解;图 9.2(c)是按照贪心策略求解背包问题时的情况,可见最终取得了 240 的价值,可以取得最优解。

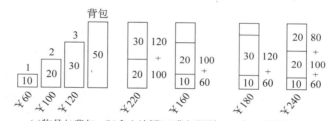

(a)物品与背包　(b)贪心法解0-1背包问题　(c) 贪心法解背包问题

图 9.2　背包问题与 0-1 背包问题

对于 0-1 背包问题,贪心选择之所以不能得到最优解是因为在这种情况下,它无法保证最终能将背包装满,部分闲置的背包空间使每公斤背包空间的价值降低了。在考虑 0-1 背包问题时,应比较选择该物品和不选择该物品分别的结果,然后再做出最优选择。这样一来就会产生许多重叠子问题,所以适于采用动态规划算法求解。

9.4　最优装载问题

最优装载问题的描述如下：有一批集装箱要装上一艘载重量为 c 的轮船。其中集装箱 i 的重量为 w_i。要求在装载体积不受限制的情况下,将尽可能多的集装箱装上轮船。该问题可描述为在满足约束条件 $\sum_{i=1}^{n} w_i x_i \leqslant c$ 的情况下,计算 $\max \sum_{i=1}^{n} x_i, x_i \in \{0,1\}, 1 \leqslant i \leqslant n$。上式中变量 $x_i = 0$ 表示不装入集装箱 i，$x_i = 1$ 表示装入集装箱 i。由于轮船装载体积不受限制,既然要求装尽可能多的集装箱,那么应该先把最轻的集装箱装上去。这样剩余的可装载量大,就可以装更多数量的集装箱。

最优装载问题可用贪心算法求解。采用重量最轻者先装的贪心选择策略,可产生最优装载问题的最优解。具体代码如下所示：

【贪心算法求解最优装载问题代码】

```
//贪心算法求解最优装载问题...
//n-集装箱数量 w-集装箱重量 c-轮船载重量 x-集装箱装载状态
void GAMaxLoading(int n,int w[],int c,int x[])
{
  int * t=(int * )malloc(sizeof(int) * (n+1));

  Sort(w,t,n);//将集装箱的重量由小到大排序...
  for (int i=1;i<=n;i++) x[i]=0;
  for (int i=1;((i<=n) && (w[t[i]]<=c));i++)
  {
    x[t[i]]=1;
    c-=w[t[i]];
  }

  free(t);
}
```

上述代码将集装箱按照其重量从小到大排序后,如表 9.2 所示。表 9.2 中的 i 表示未排序时的集装箱编号,$w[i]$ 为对应的集装箱重量,$t[i]$ 表示排序后的下标 i 值,表 9.2 的第一列数字表示第 4 个集装箱重量为 15,排序后其重量最轻。

表 9.2　集装箱重量排序值

i	1	2	3	4	5	⋯
$w[i]$	15	31	70	10	27	⋯
$t[i]$	4	1	5	2	3	⋯

最优装载问题的贪心算法同样具有贪心选择性质和最优子结构性质,说明如下:

1. 贪心选择性质

设集装箱已经按照其重量从小到大排序,$\{x_1,x_2,\cdots,x_n\}$ 是最优装载问题的一个最优解。又设 $k=\min\limits_{1\leqslant i\leqslant n}\{i|x_i=1\}$($k$ 表示装箱的最小集装箱序号),如果给定的最优装载问题有解,则 $1\leqslant k\leqslant n$。

(1) 当 $k=1$ 时,$\{x_1,x_2,\cdots,x_n\}$ 是一个满足贪心选择性质的最优解;

(2) 当 $k>1$ 时,取 $y_1=1;y_k=0;y_i=x_i,1<i\leqslant n,i\neq k$(去掉第 k 个集装箱,换上第 1 个集装箱),则:

$$\sum_{i=1}^{n}w_iy_i=w_1-w_k+\sum_{i=1,i\neq k}^{n}w_ix_i\leqslant\sum_{i=1}^{n}w_ix_i\leqslant c(因为重量从小到大排序,所以 k>1,$$

$w_1<w_k$),因此 $\{y_1,y_2,\cdots,y_n\}$ 是所给最优装载问题的可行解;另一方面,由 $\sum\limits_{i=1}^{n}y_i=$

$\sum_{i=1}^{n} x_i$ 可知(因为"最优装载问题"要求将尽可能多的集装箱装上轮船),$\{y_1, y_2, \cdots, y_n\}$ 是满足贪心选择性质的最优解。所以最优装载问题具有贪心选择性质。

2. 最优子结构性质

设 $\{x_1, x_2, \cdots, x_n\}$ 是最优装载问题的满足贪心选择性质的最优解,则 $x_1 = 1$,$(x_2, x_3, \cdots, x_n)$ 是轮船载重量为 $c - w_1$,待装船集装箱为 $\{2, 3, \cdots, n\}$ 时相应最优装载问题的最优解。即最优装载问题具有最优子结构性质。采用反证法证明如下:如果能找到"轮船载重量为 $c - w_1$,待装船集装箱为 $\{2, 3, \cdots, n\}$ 时相应最优装载问题"另外一个解 B',它相对于解"$x_1 = 1$,$(x_2, x_3, \cdots, x_n)$"可以装载更多的集装箱,则把集装箱 1 加入到 B' 中将产生原始问题的一个解,可以包含更多的集装箱。这与 $\{x_1, x_2, \cdots, x_n\}$ 是最优解矛盾,得证。

由活动安排问题和最优装载问题的求解过程可以看出,贪心法的贪心选择策略决定了它每次选择必然要选取最大值或最小值。因此贪心算法的实现过程中第一步往往是排序,只有通过排序才能得到最值。很多问题的贪心算法的主要计算量在于将数值排序,故算法所需的计算时间为 $O(n\log n)$。

9.5　最优分解问题

最优分解问题为:设 n 是一个正整数。现在要求将 n 分解为若干互不相同的自然数的和,且使这些自然数的乘积最大。

整数有如下性质:若 $|a+b| = N$,N 为常数,则 $|a-b|$ 越小,$a \times b$ 越大。

【证明】　令 $a + b = N$,N 为常数。

则有:

$$(a-b)^2 = a^2 + 2ab + b^2 - 4ab = (a+b)^2 - 4ab = N^2 - 4ab$$

即 $ab = \dfrac{N^2 - (a-b)^2}{4} = \dfrac{N^2 - |a-b|^2}{4}$,显然,$|a-b|$ 越小,$a \times b$ 越大。得证。

根据已知需要将正整数 n 分解为若干互不相同的自然数的和,同时又要使自然数的乘积最大。当 $n < 4$ 时,对 n 的分解的乘积是小于 n 的;当 $n \geqslant 4$ 时,$n = 1 + (n-1)$ 因子的乘积也是小于 n 的,所以 $n = a + (n-a)$,$2 \leqslant a \leqslant n-2$,可以保证乘积大于 n,即越分解乘积越大。因此可以采用如下贪心策略求解:将 n 分成从 2 开始的连续自然数的和,如果最后剩下一个数,将此数在后项优先的方式下均匀地分给前面各项。该贪心策略首先保证了正整数所分解出的因子之差的绝对值最小,即 $|a-b|$ 最小;同时又可以将其分解成尽可能多的因子,且因子的值较大,确保最终所分解的自然数的乘积可以取得最大值。

【贪心算法求解最优分解问题代码】

```
//贪心算法求解最优分解问题...
int GAIntOptiDecomp(int n)
{
    int k, j, m;
```

```
if (n>=5)        //仅考虑 n>=5 的情况,n<=4 的情况是确定的...
{
  k=0;
  a[k]=2;
  n-=2;

  //贪心策略:先从 2 开始分成连续自然数的和...
  for (;n>a[k];)
  {
    a[++k]=a[k-1]+1;
    n-=a[k];
  }

  //如果剩下一个数,将其按后项优先的方式均匀分给前面各项
  if (n==a[k])
  {
    a[k]++;
    n--;
  }

  for (j=0; j<n; j++)
  {
    a[k-j]++;
  }

  //   计算连乘积
  for(m=1, j=0; j<=k; j++)
  {
    m*=a[j];
  }

  return m;
}
}
```

9.6   单源最短路径问题

单源最短路径问题是图论中的一个经典问题,应用广泛。问题描述为:如图 9.3(a) 所示,给定带权有向图 $G=(V,E)$,其中每条边的权是非负实数。给定 V 中的一个顶点,称为源(如图 9.3(a)中的顶点 1)。计算从源到其他所有各顶点的最短路长度。路长度指路上各边权之和。

单源最短路径问题有一个经典解法,是一个贪心算法,称为 Dijkstra 算法。它是由著

名的荷兰计算机科学家 E. W. Dijkstra 发明的。Dijkstra 在计算机历史上赫赫有名,他积极推进结构化程序设计与软件工程;提出了著名的"goto 语句有害论";提出了信号量和 PV 原语;设计了第一个 Algol 60 编译器;是 THE 操作系统的设计者和开发者。因为在编程语言方面的贡献,E. W. Dijkstra 获得了 1972 年的图灵奖。

基于贪心策略的 Dijkstra 算法的基本思想是:设置顶点集合 S 并不断地做贪心选择来扩充这个集合。一个顶点属于集合 S 当且仅当从源到该顶点的最短路径长度已知。初始时,S 中仅含有源。设 u 是 G 的某一个顶点,把从源到 u 且中间只经过 S 中顶点的路径称为从源到 u 的特殊路径,并用数组 dist 记录当前每个顶点所对应的最短特殊路径长度。Dijkstra 算法每次从 $V-S$(顶点集合 V"减去"集合 S)中取出具有最短特殊路长度的顶点 u,将 u 添加到 S 中,同时对数组 dist 做必要的修改。一旦 S 包含了 V 中所有顶点,dist 就记录了从源到所有其他顶点之间的最短路径长度。Dijkstra 算法中输入的带权有向图是 $G=(V,E)$,$V=\{1,2,\cdots,n\}$,顶点 v 是源。c 是一个二维数组,$c[i][j]$ 表示边 (i,j) 的权。当 $(i,j)\notin E$ 时,$c[i][j]$ 是一个非常大的数(如图 9.3(b)所示)。$dist[i]$ 表示当前从源到顶点 i 的最短特殊路径长度。

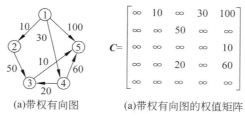

(a)带权有向图 　　(a)带权有向图的权值矩阵

图 9.3　单源最短路径问题

如图 9.3 所示,"单源最短路径"问题中要计算"源"到其他各个顶点之间的最短路径长度。图 G 是有向图,任意两个顶点之间都可能有连接,必须考虑各种可能路径。表 9.3 给出了一个计算示例,假定图中的"顶点 1"为源,计算"顶点 1"到"顶点 5"之间的路径,可能有如下几种,显然最短路径长度为 60。

表 9.3　Dijkstra 算法计算示例

起点(源)	终　点	路　径	路 径 长 度
1	5	1→5	100
		1→4→5	30+60=90
		1→2→3→5	10+50+10=70
		1→4→3→5	30+20+10=60

单源最短路径问题的 Dijkstra 算法代码如下所示。表 9.4 给出了运行示例。

【单源最短路径问题的 Dijkstra 算法】

```
//贪心算法求解单源最短路径问题...
//n-顶点个数 v-源 dist-从源到所有其它顶点之间的最短路径长度
```

```
//prev-记录顶点编号的辅助数组 c-有向图权值矩阵
void Dijkstra(int n,int v,int dist[],int prev[],int **c)
{
  bool s[maxint];

  for(int i=1;i<=n;i++)
  {
    dist[i]=c[v][i];
    s[i]=false;

    if (dist[i]==maxint)
      prev[i]=0;
    else
      prev[i]=v;
  }

  dist[v]=0;
  s[v]=true;

  for(int i=1;i<n;i++)
  {
    int temp=maxint;
    int u=v;

    for(int j=1;j<=n;j++)
    {
      if ((!s[j]) && (dist[j]<temp))
      {
        u=j;
        temp=dist[j];
      }
    }

    s[u]=true;
    for(int j=1;j<=n;j++)
    {
      if ((!s[j]) && (c[u][j]<maxint))
      {
        int newdist=dist[u]+c[u][j];
        if (newdist<dist[j]))
        {
          dist[j]=newdist;
          prev[j]=u;
        }
```

```
                }
            }
        }
    }
```

对上述代码分析如下：算法从顶点集合 $S=\{v\}$ 开始（v 是源），将剩下的 $n-1$ 个顶点（假设图中有 n 个顶点，除去源即为 $n-1$）采用贪心选择法逐步添加到 S 中（扩展 $n-1$ 次），从而求出源到其他各个顶点之间的最短距离和最短路径。

（1）数组 s 表示某个顶点是否已加入集合 S，如 $s[u]=$ true；表示顶点 u 已加入集合 S。

（2）初始化 s，dist 和 prev 数组（见表 9.4 的第 1 行）。

（3）初始化集合 S，即 $S=\{v\}$（dist$[v]=0$；$s[v]=$ true；）。

（4）将剩下的 $n-1$ 个顶点采用贪心选择法逐步添加到 S 中（扩展 $n-1$ 次）。

（4-1）贪心选择性：依次处理 n 个顶点，将不属于集合 $S(!s[j])$，而且源到该顶点的距离（dist$[j]$）为最小的顶点，u 作为集合 S 中的点加入（$s[u]=$ true；如果 dist$[x]<$ dist$[y]$，意味着顶点 x 比顶点 y 先加入集合 S）；

（4-2）因为 u 的加入，必须调整源到每个顶点 j 的距离 dist$[j]$（如图 9.3(a)中的源 1 到顶点 3），这是因为源 v 到顶点 j 有可能没有直接连接，但因为 u 的加入实现了间接连接（如图 9.3(a)中的源 1 到顶点 3；初始时 1 和 3 之间无连接，当 $u=2$ 时，1 和 3 之间建立了间接连接）；或者因为 u 的加入，源到顶点 j 出现了更短的新路径（如图中的源 1 到顶点 5；初始时 1 和 5 之间的距离为 100，当 $u=4$ 时，1 和 5 之间出现了更短的路径 1→4→5，其距离为 90）。

表 9.4　Dijkstra 算法的迭代过程

迭代	S	u	dist[2]	dist[3]	dist[4]	dist[5]
初始	{1}	—	10	maxint	30	100
1	{1,2}	2	10	60	30	100
2	{1,2,4}	4	10	50	30	90
3	{1,2,4,3}	3	10	50	30	60
4	{1,2,4,3,5}	5	10	50	30	60

上述 Dijkstra 算法只求得从源顶点到其他顶点间的最短路径长度（最优值），如果还要求出相应的最短路径（最优解），可使用算法中数组 prev 记录的信息。算法中数组 prev$[i]$ 记录的是从源到顶点 i 的最短路径上 i 的前一个顶点。初始对所有 $i\neq1$，置 prev$[i]=v$。在 Dijkstra 算法中更新最短路径长度时，只要 dist$[u]+c[u][i]<$ dist$[i]$ 时，就置 prev$[i]=u$。当算法终止时，就可以根据数组 prev 找到从源到 i 的最短路径上每个顶点的前一个顶点，从而找到从源到 i 的最短路径。例如，对图 9.3(a)经算法计算后，可得数组 prev 的值：prev$[2]=1$，prev$[3]=4$，prev$[4]=1$，prev$[5]=3$，如果要找出顶点 1 到顶点 5 的最短路径，则从数组 prev 得到顶点 5 的前一个顶点是 3，3 的前一个顶点是 4，4

的前一个顶点是 1。于是从顶点 1 到顶点 5 的最短路径是：1、4、3、5。

单源最短路径问题贪心算法同样具有贪心选择性质和最优子结构性质，说明如下：

（1）贪心选择性质。Dijkstra 算法所做的贪心选择是从 $V-S$ 中选择具有最短特殊路径的顶点 u，从而确定从源到 u 的更短路径长度 $\text{dist}[u]$。这种贪心选择可以导致最优解的原因为：假设存在一条从源到 u 且长度比 $\text{dist}[u]$ 更短的路，设这条路初次走出 S 之外到达的顶点为 $x \in V-S$（如果这条更短的路上的点 x 在 S 内，则 x 要么在生成 $\text{dist}[u]$ 的路径上，要么不在。无论哪种情况，根据 $\text{dist}[u]$ 的定义及生成算法，显然 $\text{dist}[u]$ 都是最短路径。所以仅考虑 x 不在 S 内的情况，即 $x \in V-S$），然后徘徊于 S 内外若干次，最后离开 S 到达 u，如图 9.4 所示。

在这条路径上，分别记 $d(v,x)$、$d(x,u)$、$d(v,u)$ 为顶点 v 到顶点 x、顶点 x 到顶点 u、顶点 v 到顶点 u 的路长，那么有 $\begin{cases} \text{dist}[x] \leqslant d(v,x) \\ d(v,x)+d(x,u)=d(v,u)<\text{dist}[u] \end{cases}$。上式中 $d(v,u)<$

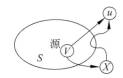

图 9.4　单源最短路径问题"贪心选择性质"

$\text{dist}[u]$ 是因为假设这条路更短。利用边权的非负性，可知有 $d(x,u) \geqslant 0$，所以有 $\text{dist}[x] \leqslant d(v,x) \leqslant d(v,x)+d(x,u)=d(v,u)<\text{dist}[u]$，即 $\text{dist}[x]<\text{dist}[u]$，根据 Dijkstra 算法的执行过程可知，如果有 $\text{dist}[x]<\text{dist}[u]$，那就意味着顶点 x 比顶点 u 先加入集合 S，即 $x \in S$，这和已知 $x \in V-S$，即 $x \notin S$ 矛盾。这就证明了 $\text{dist}[u]$ 是从源到顶点 u 的最短路径长度。

（2）最优子结构性质。该性质描述为：如果 $P(i,j)=\{V_i,\cdots,V_k,\cdots,V_s,\cdots,V_j\}$ 是从顶点 i 到 j 的最短路径，k 和 s 是这条路径上的中间顶点，那么 $P(k,s)$ 必定是从 k 到 s 的最短路径。下面用反证法证明：假设 $P(i,j)=\{V_i,\cdots,V_k,\cdots,V_s,\cdots,V_j\}$ 是从顶点 i 到 j 的最短路径，则有 $P(i,j)=P(i,k)+P(k,s)+P(s,j)$。而 $P(k,s)$ 不是从 k 到 s 的最短距离，那么必定存在另一条从 k 到 s 的最短路径 $P'(k,s)$，那么 $P'(i,j)=P(i,k)+P'(k,s)+P(s,j)<P(i,j)$。这与 $P(i,j)$ 是从 i 到 j 的最短路径相矛盾。得证。

9.7　习题

1. 用贪心法求解找硬币问题。程序先读入一系列基本币值，然后读入要找的钱数，要求算法找出的硬币个数最少。

2. 设有 n 个正整数，将它们连接成一排，组成一个最大的多位整数。如 $n=3$ 时，3 个整数 13、312、343 连成的最大整数为 34331213；又如 $n=4$ 时，4 个整数 7、13、4、246 连成的最大整数为 7 424 613。要求输入 n 个正整数后，输出连接成的最大多位数。

3. 最优服务次序问题：设有 n 个顾客同时等待一项服务。顾客 i 需要的服务时间为 t_i，$1 \leqslant i \leqslant n$。应如何安排 n 个顾客的服务次序才能使平均等待时间达到最小？平均等待时间是 n 个顾客等待服务时间的总和除以 n。

4. 一辆汽车加满油后可行驶 n 公里，旅途中有 k 个加油站。设计一个算法解决如下问题：对于给定的 n 和 k 个加油站位置，指出汽车应在哪些加油站停靠加油，才能使沿途加油次数最少。

5. 设 $x_1,x_2,\cdots,x_n$ 是实直线上的 n 个点。用固定长度的闭区间覆盖这 n 个点，至少需要多少个这样的固定长度闭区间？给定 n 个点及闭区间的长度 k，设计算法实现上述问题。

6. 设有 n 个程序 $\{1,2,\cdots,n\}$ 要存放在长度为 L 的磁带上，程序 i 存放在磁带上的长度为 li，$1\leqslant i\leqslant n$。确定这 n 个程序在磁带上的一个存储方案，使得能够在磁带上存储尽可能多的程序。

7. 给定 n 位正整数 a，去掉其中任意 $k\leqslant n$ 个数字后，剩下的数字按原次序排列组成一个新的正整数。对于给定的 n 位正整数 a 和正整数 k，设计一个算法计算删去 k 个数字后得到的最小数。

第 10 章 回 溯 法

回溯法(探索与回溯法)是一种选优搜索法,又称为试探法,按选优条件向前搜索,以达到目标。但当探索到某一步时,发现原先选择并不优或达不到目标,就退回一步重新选择,这种走不通就退回再走的技术为回溯法,而满足回溯条件的某个状态的点称为"回溯点"。本章通过 0-1 背包问题、装载问题、批处理作业调度问题、n 皇后问题、最小重量机器设计问题和工作分配问题讲解了回溯法的思想和解题框架。

10.1 概述

回溯(音:sù)法有"通用解题法(General Problem Solver,GPS)"之称。已知问题的解在某个解空间内,回溯法的思想是采用特定的搜索方法在这个空间内搜索并找到解。和穷举搜索法(或称蛮力搜索)不同,回溯法在系统地检查解空间的过程中,会抛弃那些不可能导致合法解的候选解,从而使求解时间大大缩短。举个日常生活中的例子,早上起床后发现办公室钥匙找不到,该如何寻找钥匙? 房屋内需要搜索的房间集合为 $S=\{$客厅、卧室 1、卧室 2、卧室 3、阳台、卫生间、书房、餐厅、厨房$\}$,这就是问题的解空间。依次检查这个空间中的每个房间,看是否有钥匙。检查过程中不会查找根据昨晚情况不可能遗落钥匙的地方,如餐厅、厨房。最终在书房发现了钥匙。每次检查完一个房间后,都回到客厅继续检查下一个房间。这就是回溯法。如果按照穷举搜索法来找钥匙,就需要逐间房屋查找。

许多问题需要找出解集或要求回答什么解是满足某些约束条件的最佳解时,往往要使用回溯法。它是一种系统搜索解空间从而求得问题解的搜索算法。在搜索解空间中,会抛弃那些不可能导致合法解的候选解,从而使求解时间大大缩短,这是回溯法和蛮力搜索相区别的一个重要特征。

应用回溯法时,解空间往往以树的结构表示。回溯法以深度优先的方式搜索解空间树。如果回溯法在执行过程中判断解空间树的某个结点不包含问题的解时,则跳过对以该结点为根的子树的搜索,逐层向其祖先结点回溯;否则进入该子树,继续按深度优先策略搜索。这也是"回溯法"名称的由来。

10.2 从 0-1 背包问题看回溯法的算法框架

本节将使用回溯法求解 0-1 背包问题,并给出回溯法的基本理论和算法框架。

0-1 背包问题:给定 n 种物品和一个背包,物品 i 的重量是 w_i,其价值为 v_i,背包的容量为 c。应该如何选择装入背包中的物品,使得装入背包中物品的总价值最大? 在选择装入背包的物品时,对每种物品 i 只有两种选择,即装入背包(状态为 1)或不装入背包

（状态为 0）。不能将物品 i 装入背包多次，也不能只装入部分的物品 i。

回溯法是在一个解空间中搜索解，使用回溯法的第一步就是根据问题背景定义解空间。解空间由一系列解向量组成。设问题的解向量为 $x=\{x_1,x_2,\cdots,x_n\}$，x_i 的取值范围为有穷集 S_i。把 x_i 的所有可能取值组合，称为问题的解空间。每一个组合是问题的一个可能解。对 0-1 背包问题而言，它的解向量为 $x=\{x_1,x_2,\cdots,x_n\}$，其中 $x_i\in\{0,1\}=S_i$（解向量中的每个分量取值范围相同）。它的含义是对包含 n 个物品的 0-1 背包问题，解向量描述了每个物品的选择状态。因为解向量 $x=\{x_1,x_2,\cdots,x_n\}$ 包含 n 个元素，则它具有 2^n 个不同的解，从而构成解空间。这是因为 $x=\{x_1,x_2,\cdots,x_n\}$ 中每个元素 $x_i,i=1\sim n$ 有"装入背包（1）"和"不装入背包（0）"两种状态，如表 10.1 所示。根据乘法原理，$x=\{x_1,x_2,\cdots,x_n\}$ 的可能个数就为 $\underbrace{2\times2\times\ldots\times2}_{n}=2^n$ 个。进一步可以发现，$x=\{x_1,x_2,\cdots,x_n\}$ 的 2^n 个不同的解实际上是 $0\sim2^{n-1}$ 的二进制表示。如 $n=3$ 时，0-1 背包问题的解空间是 $\{(0,0,0),(0,0,1),(0,1,0),(0,1,1),(1,0,0),(1,0,1),(1,1,0),(1,1,1)\}$。

表 10.1　0-1 背包问题的解空间构成

$x=\{x_1,x_2,\cdots,x_n\}$中元素	x_1	x_2	$\cdots$	x_n
"装入背包"和"不装入背包"	1 ｜ 0	1 ｜ 0	1 ｜ 0	1 ｜ 0

定义了问题的解空间后，还需要将解空间组织起来，使得可以高效地搜索整个解空间。通常将解空间组织成树或图的形式。如果将解空间组织成树的形式，则称这棵树为"解空间树"或"状态空间树"。图 10.1 为当 $n=3$ 时 0-1 背包问题的解空间树。

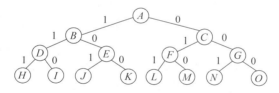

图 10.1　0-1 背包问题中的解空间树

图 10.1 中的解空间树是一棵完全二叉树，解空间树的第 i 层到第 $i+1$ 层边上的标号给出了变量的值。从树根到树叶的任一路径表示解空间中的一个元素。如：从根结点 A 到结点 H 的路径相应于解空间中的元素 $(1,1,1)$。从根结点到所有叶子结点的路径就构成了解空间中的所有解向量。表 10.2 给出了从根结点到叶子结点的路径和解空间中解向量的对应关系。

表 10.2　0-1 背包问题中的解空间树

从根结点到叶子结点的路径	对应解空间中的解向量
A-B-D-E	$(1,1,1)$
A-B-D-I	$(1,1,0)$
A-B-E-J	$(1,0,1)$

续表

从根结点到叶子结点的路径	对应解空间中的解向量
A-B-E-K	(1,0,0)
A-C-F-L	(0,1,1)
A-C-F-M	(0,1,0)
A-C-G-N	(0,0,1)
A-C-G-O	(0,0,0)

有了解空间及解空间树后,回溯法采用深度优先搜索方法在解空间树中搜索特定的解。为了描述这个过程,先定义一些相关术语和概念。

活结点:解空间树的动态搜索过程中,一个自身已生成但其子结点还没有全部生成的结点称做活结点。

扩展结点:解空间树的动态搜索过程中,一个正在产生子结点的结点称为扩展结点。

死结点:解空间树的动态搜索过程中,一个所有子结点已经产生的结点称做死结点。

可行解:满足约束条件的解,解空间中的一个子集。

最优解:使目标函数取极值(极大或极小)的可行解,一个或少数几个。显然最优解一定是可行解,但可行解不一定是最优解。

回溯法的搜索过程如下:从开始结点(根结点)出发,以深度优先的方式搜索整个解空间。这个开始结点就成为一个活结点,同时也成为当前的扩展结点。在当前的扩展结点处,搜索向纵深方向移至一个新结点。这个新结点就成为一个新的活结点,并成为当前扩展结点。如果在当前的扩展结点处不能再向纵深方向移动,则当前扩展结点就成为死结点。此时,应往回移动(回溯)至最近的一个活结点处,并使这个活结点成为当前的扩展结点。回溯法即以这种工作方式递归地在解空间中搜索,直至找到所要求的解或解空间中已没有活结点时为止。简单来讲回溯法的基本思想就是:从一条路往前走,能进则进,不能进则退回来,换一条路再试。

下面以 0-1 背包问题为例,讲述回溯法的详细求解过程。0-1 背包问题中 $n=3$,$w=[32,30,30]$,$v=[90,50,50]$,$c=60$。由于解空间树是图 10.1,用回溯法从根结点 A 开始搜索其解空间。约定先从左子树开始搜索,取物品 1,由于其重量为 32,小于背包容量 60,所以可以放入背包。到达左子树 B 结点;如果从 B 结点的左子树进入则不可取,因为此时意味着物品 2 也放入背包,物品重量和为(32+30=62)大于背包容量 60,破坏了约束条件。所以图 10.1 中以 D 结点为父结点的子树不需要搜索,用一个术语说就是需要"剪枝",此时根据已有的约束条件设计的剪枝过程称为"约束剪枝";从 B 的右子树进入搜索,同理根据约束函数 E 的左子树不可取,这样可以得到一个解:A-B-E-K,其价值为 90;此时需要从叶子结点 K 结点回溯到 E 结点,由于 E 结点的左右子树都已经处理完毕,继续回溯到 B 结点。B 结点也处理完毕,继续回溯到根结点 A;之后开始搜索根结点 A 的右子树。C 结点的右子树不可取,因为以 C 结点为父结点的右子树所能取得的最大价值就是选取物品 3 时的价值 50,而 50 小于之前已经取得了的一个可行解 A-B-E-K 的价值 90,所以此时没有必要搜索 C 结点的右子树(因为它不会得到超过 90 的解),也可以将其剪去。这种根据已有的可行解的值来进行剪枝的过程称为"限界剪枝"。同理,F 的右子树基于限界剪枝也不可取,这样可以得到另外一个解:A-C-F-L,其价值为 100,为最终的最优解。由搜索过程可知,不满足约束条件、目标函数、或其子结点已全部搜索完毕的结点、或者叶结点是死结点。以死结点作为根的子树,可以在搜索过程中删除。

需要特别注意的是,回溯法搜索过程中的状态空间搜索树是一棵动态变化的树,如图 10.2 所示。回溯法在搜索时并非是在一棵事先已经建立好的树(如图 10.1 所示)上搜索,而是一开始只有根结点,随着搜索的进行,逐步生成了状态空间搜索树,如图 10.2 所示。

由上述求解 0-1 背包问题的过程可以知道回溯法求解问题的步骤:首先,针对所给问题定义问题的解空间;其次确定易于搜索的解空间结构,一般是树或图;最后以深度优先方式搜索解空间,并在搜索过程中用剪枝函数避免无效搜索。使用剪枝函数的目的是为了避免无效搜索,提高搜索效

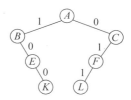

图 10.2 0-1 背包问题中的
状态空间搜索树

率。如上述 0-1 背包问题的求解过程所示,剪枝函数有两种:一种是约束剪枝,用约束函数在扩展结点处剪去不满足约束的子树;另外一种是限界剪枝,用限界函数剪去得不到最优解的子树。回溯法的通用算法框架如下所示。

【回溯法的算法框架代码】

```
//回溯法的算法框架(伪代码)...
//t-递归深度(状态空间搜索树的高度)
void Backtrack(int t)
{
  if (t>n)
    output(x);//到达叶子结点,表明产生了解,直接输出.x 是解向量...
  else
  {
    //f(n,t)和 g(n,t)是当前扩展结点处未搜索过的子树起始和终止编号...
    for (int i=f(n,t);i<=g(n,t);i++)
    {
      x[t]=h(i);//h(i)是当前扩展结点处 x[t]的第 i 个可选值...
      //Constraint(t)  -约束剪枝
      //Bound(t)       -限界剪枝
      if (Constraint(t) && Bound(t)) Backtrack(t+1);
    }
  }
}
```

回溯法处理问题的解空间树一般有两种类型:一种称为子集树,另一种称为排列树。当所给问题是从 n 个元素的集合 S 中找出 S 满足某种性质的子集时,相应的解空间称为子集树。0-1 背包问题的解空间树就是子集树。子集树的名称很形象地描述了和它相关的问题的特点,就是从一个集合中选取其子集。0-1 背包问题正是从 n 件物品(集合)中

挑选若干件(子集)放入背包,使得所挑物品的重量既不超过背包的容量,又可以获得最大的价值。针对问题的解空间是子集树时,可以将回溯法通用算法框架修改为如下针对子集树的代码。代码的参数和各个量的含义类似。

【子集树的回溯法算法框架代码】

```
//子集树的回溯法算法框架(伪代码)...
void Backtrack(int t)
{
  if (t>n)
    output(x);
  else
  {
    for (int i=0;i<=1;i++)
    {
      x[t]=i;
      if (Constraint(t) && Bound(t)) Backtrack(t+1);
    }
  }
}
```

旅行售货员问题是解空间为排列树的问题。其表述为某售货员要到若干城市去推销商品,已知各城市之间的路程(或旅费)。他要选定一条从驻地出发,经过每个城市一遍,最后回到驻地的路线,使总的路程(或旅费)最小。假设 $G=(V,E)$ 是一个带权图,图中各边的费用(权)为正数。图中的一条周游路线是包括 V 中的每个顶点在内的一条回路。周游路线的费用是这条路线上所有边的费用之和。旅行售货员问题要在图 G 中找出费用最小的周游路线。图 10.3(a)是一个表示旅行售货员问题的 4 顶点无向带权图,顶点序列{ 1,2,4,3,1 }、{ 1,3,2,4,1 }、{ 1,4,3,2,1 }是该图中 3 条不同的周游路线。

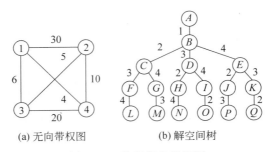

(a) 无向带权图   (b) 解空间树

图 10.3　旅行售货员问题

同样采用回溯法求解问题的步骤来处理旅行售货员问题。首先针对所给问题定义问题的解空间。如图 10.3(a)所示,当 $n=4$ 时,假定驻地为结点 1,则旅行售货员问题的解空间是:{(1,2,3,4,1)、(1,2,4,3,1)、(1,3,2,4,1)、(1,3,4,2,1)、(1,4,2,3,1)、(1,4,3,2,1)},共有 $(4-1)!=3!=6$ 种可能。显然当结点数为 n 时,有 $(n-1)!$ 种可能的解。这是一个全排列问题。图 10.3(b)是 $n=4$ 时旅行售货员问题的解空间树。搜索该解空间树可知,最小费用周游路线为{1,3,2,4,1}。旅行售货员问题搜索解空间树时同样可以使用剪枝函数。如果从根结点到当前扩展结点处的部分周游路线的费用已超过当前找到的最好的周游路线费用,则可以断定以该结点为根的子树中不含最优解,因此可将该子树剪去。

当所给的问题是确定 n 个元素满足某种性质的排列时,相应的解空间树称为排列树。排列树通常有 $n!$ 个叶结点。旅行售货员问题的解空间是一棵排列树。针对排列树的回溯法通用算法框架代码如下。

【排列树的回溯法算法框架代码】

```
//排列树的回溯法算法框架(伪代码)...
void Backtrack(int t)
{
  if (t>n)
    output(x);
  else
  {
    for (int i=t;i<=n;i++)
    {
      swap(x[t],x[i]);
      if (Constraint(t) && Bound(t)) Backtrack(t+1);
      swap(x[t],x[i]);
    }
  }
}
```

调用上述代码 Backtrack(1)执行回溯搜索之前,应先将变量数组 x 初始化为单位排列 $(1,2,\cdots,n)$。

10.3 装载问题

贪心法中讨论了最优装载问题的求解。本节讨论采用回溯法求解装载问题。装载问题和最优装载问题不同,装载问题的描述如下:有一批共 n 个集装箱要装上两艘载重量分别为 c_1 和 c_2 的轮船,其中集装箱 i 的重量为 w_i,且 $\sum_{i=1}^{n} w_i \leqslant c_1 + c_2$。装载问题要求确定,是否有一个合理的装载方案可将这 n 个集装箱装上这两艘轮船?如果有,找出一种装载方案。需要注意的是,可能不存在一个合理的装载方案可将这 n 个集装箱全部装上这两艘轮船。如当 $n = 3, c_1 = c_2 = 50$,且 $w = [10,40,40]$ 时,可将集装箱 1 和 2 装上第 1 艘轮船,将集装箱 3 装上第 2 艘轮船;如果 $w = [20,40,40]$,则无法将这 3 个集装箱都装上轮船。

如果一个给定的装载问题有解,采用下面的策略可得最优装载方案:
(1)首先将第一艘轮船尽可能装满;
(2)将剩余的集装箱装上第二艘轮船。

按照 10.2 节中讲述的回溯法求解问题的步骤来处理装载问题：首先，定义解空间和确定解空间结构。显然，本问题适于采用子集树作为解空间结构；其次要考虑设计搜索过程中的剪枝函数。

约束剪枝函数的设计：约束函数可剪去不满足约束条件 $\sum_{i=1}^{n} w_i x_i \leqslant c_1$ 的子树（其中 $x_i \in \{0,1\}$，表示第 i 个集装箱的装载状态。0 表示未装船，1 表示已装船）。在子集树的第 $j+1$ 层的结点 Z 处，用 cw 记当前的装载重量，即 $\mathrm{cw} = \sum_{i=1}^{j} w_i x_i$，当 $\mathrm{cw} > c_1$ 时，以结点 Z 为根的子树中所有结点都不满足约束条件，因而该子树中的解均为不可行解，故可将该子树剪去。

限界剪枝函数的设计：可以引入一个上界函数，用于剪去不含最优解的子树，从而改进算法的效率。设 Z 是解空间树第 i 层上的当前扩展结点，cw 是当前载重量；bestw 是当前最优载重量；r 是剩余集装箱的重量（在岸上未装箱的集装箱），即 $r = \sum_{j=i+1}^{n} w_j$。定义上界函数为 $\mathrm{cw}+r$。在以 Z 为根的子树中任一叶结点所相应的载重量均不超过 $\mathrm{cw}+r$（叶结点中只能装载剩余重量）。因此当 $\mathrm{cw}+r \leqslant \mathrm{bestw}$ 时，可将 Z 的右子树剪去。

装载问题的回溯算法代码如下所示。

【装载问题的回溯法算法代码】

```
//装载问题的回溯法算法...
void BacktrackMaxLoading(int i)//搜索第 i 层结点...
{
  if (i>n)//到达叶结点...
  {
    if (cw>bestw)
    {
      for(int j=1;j<=n;j++)
      {
        bestx[j]=x[j];//更新最优解...
        bestw=cw;
      }
    }
    return;
  }

  r-=w[i];
  if (cw+w[i]<=c)//搜索左子树...
  {
    x[i]=1;
    cw+=w[i];
    BacktrackMaxLoading(i+1);
    cw-=w[i];
```

```
    }

    if (cw+r>bestw)
    {
        x[i]=0;  //搜索右子树...
        BacktrackMaxLoading(i+1);
    }
    r+=w[i];
}
```

10.4 批处理作业调度问题

批处理作业调度问题描述如下：给定 n 个作业集合 $J = \{J_1, J_2, \cdots, J_n\}$。每一个作业 J_i 都有两项任务分别在两台机器上完成。每个作业先由机器 1 处理，然后再由机器 2 处理。作业 J_i 需要机器 j 的处理时间为 t_{ji}，$i = 1, 2, \cdots, n$；$j = 1, 2$。对于一个确定的作业调度，设 F_{ji} 是作业 J_i 在机器 j 上完成处理的时间，则所有作业在机器 2 上完成处理的时间和 $f = \sum_{i=1}^{n} F_{2i}$ 称为该作业调度的完成时间和。批处理作业调度问题要求对于给定的 n 个作业，制定最佳作业调度方案，使完成时间和最小。

批处理作业调度问题要从 n 个作业的所有排列中找出具有最小完成时间和的作业调度，所以批处理作业调度问题的解空间是一棵排列树。显然在批处理作业调度问题中，核心问题是完成时间和的计算。下面通过实例看一下完成时间和的计算方法。

表 10.3 完成时间和的计算

(a) 完成时间和的计算 1

t_{ji}	机器 1	机器 2
作业 1	2	1
作业 2	3	1
作业 3	2	3

(b) 完成时间和的计算 2

t_{ji}	机器 1	机器 2
作业 1	4	8
作业 2	3	3

首先计算表 10.3(a) 中作业调度的完成时间和。显然这 3 个作业的 6 种可能的调度方案是 $\{1,2,3\}$、$\{1,3,2\}$、$\{2,1,3\}$、$\{2,3,1\}$、$\{3,1,2\}$、$\{3,2,1\}$，即它们的全排列。由于每个作业必须先由机器 1 处理，然后再由机器 2 处理。所以当机器 1 运行时，机器 2 可能处于空闲状态，但必须考虑这个空闲时间。当作业调度方案为 $\{1,2,3\}$ 时，根据表 10.3(a) 中作业的数据：作业 1 在机器 1 上完成的时间为 2，在机器 2 上完成的时间为 3(2+1)；作业 2 在机器 1 上完成的时间为 5(2+3)，在机器 2 上完成的时间为 6(5+1)；作业 3 在机器 1 上完成的时间为 7(2+3+2)，在机器 2 上完成的时间为 10(7+3)。根据完成时间和的定义，所有作业在机器 2 上完成处理的时间和称为该作业调度的完成时间和，所以当作业调度方案为 $\{1,2,3\}$ 时，完成时间和为 3+6+10=19。

同理，当作业调度方案为 $\{1,3,2\}$ 时，作业 1 在机器 1 上完成的时间为 2，在机器 2 上完成的时间为 3；作业 3 在机器 1 上完成的时间为 4，在机器 2 上完成的时间为 7；作业 2

在机器 1 上完成的时间为 7,在机器 2 上完成的时间为 8;所以完成时间和为 3＋7＋8＝18;可以分别计算当调度方案为{2,1,3}、{2,3,1}、{3,1,2}、{3,2,1}时,对应的完成时间和分别是 20、21、19、19。可见最佳调度方案是{1,3,2},其完成时间和为 18。

由于是批处理作业调度,所以在上一个作业没有结束之前,下一个作业不能使用机器。表 10.3(a)中作业的数据能满足下一个作业开始前,上一个作业已经结束的条件。但也可能存在如表 10.3(b)中的情况。表 10.3(b)中作业调度方案有{1,2}和{2,1}两种。调度方案为{1,2}时,作业 1 在机器 1 上处理时间为 4;其在机器 2 上的处理时间为 4＋8＝12;作业 2 在机器 1 上处理时间为 4＋3＝7;其在机器 2 上的处理时间为 4＋8＋3＝15。这是因为作业 2 在机器 1 上加工结束后经过了时间 7,此时作业 1 在机器 2 上还未结束,所以作业 2 必须等待作业 1 在机器 2 上加工结束后才能使用机器 2,所以时间为 4＋8＋3＝15 而非 4＋3＋3＝10。则该调度方案完成时间和为:12＋15＝27。

调度方案为{2,1}时,根据已知条件,作业 2 在机器 1 上处理时间为 3;其在机器 2 上的处理时间为 3＋3＝6;作业 1 在机器 1 上处理时间为 3＋4＝7;其在机器 2 上的处理时间为 3＋4＋8＝15;注意作业 1 在机器 1 上加工结束后经过了时间 7,此时作业 2 在机器 2 已经加工结束,所以时间为 3＋4＋8＝15。则该调度方案完成时间和为:6＋15＝21。

综上所述,最优调度方案为{2,1}。

清楚了完成时间和的计算方法后,可以把表 10.3 中的数据设计为一个二维数组,如表 10.3(a)中的数据可以用二维数组 $M=\begin{bmatrix}2&1\\3&1\\2&3\end{bmatrix}$ 表示,根据上述完成时间和的计算方法,以表 10.3(a)中的数据为例,可以得到完成时间和计算的程序设计方法,如表 10.4 所示。

表 10.4　完成时间和的计算方法

	机 器 1	机 器 2
作业 1	$M[1][1]$	$M[1][1]+M[1][2]$
作业 2	$M[1][1]+M[2][1]$	$(M[1][1]+M[2][1])+M[2][2]$
作业 3	$M[1][1]+M[2][1]+M[3][1]$	$(M[1][1]+M[2][1]+M[3][1])+M[3][2]$

下述代码给出了批处理作业调度问题的回溯算法。按照回溯法搜索排列树的算法框架,设开始时 $x=[1,2,\cdots,n]$ 是所给的 n 个作业,则相应的排列树由 $x[1:n]$ 的所有排列构成。代码中的 $x[j]$ 表示排列结果序号,也即作业编号;M 矩阵的第 1 列表示"作业在机器 1 上的处理时间",M 矩阵的第 2 列表示"作业在机器 2 上的处理时间"。

【批处理作业调度问题的回溯法算法代码】

```
//装载问题的回溯法算法...
void BacktrackBatchJobScheduling(int i)
{
  if (i>n)
  {
    for(int j=1;j<=n;j++)
```

```
      bestx[j]=x[j];
    bestf=f;
  }
  else
  {
    for(int j=i;j<=n;j++)
    {
      f1+=M[x[j]][1];
      f2=((f2[i-1]>f1)? f2[i-1]:f1)+M[x[j]][2];
      f+=f2[i];
      if (f<bestf)
      {
        Swap(x[i],x[j]);
        BacktrackBatchJobScheduling(i+1);
        Swap(x[i],x[j]);
      }
      f1-=M[x[j]][1];
      f-=f2[i];
    }
  }
}
```

10.5 n 皇后问题

n 皇后问题简称 n 后问题,是一个著名的棋盘类问题,是指在 $n \times n$ 格的棋盘上放置彼此不受攻击的 n 个皇后。按照国际象棋的规则,皇后可以攻击与之处在同一行或同一列或同一斜线上的棋子。n 后问题等价于在 $n \times n$ 格的棋盘上放置 n 个皇后,任何 2 个皇后不放在同一行或同一列或同一斜线上。国际象棋棋盘由 64 个黑白相间的格子组成,所以 n 皇后问题有时也叫 8-皇问题,即在 8×8 的棋盘上放置 8 个皇后,使得这 8 个皇后不在同一行、同一列及同一斜角线上。如图 10.4(a)所示就是 n 皇后问题的一个解,图中 Q 表示皇后放置的位置,显然图 10.4(a)中任何两个皇后不在同一行或同一列或同一斜线上。为方便起见,下面叙述 8-皇问题的求解方法。

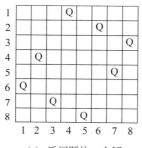

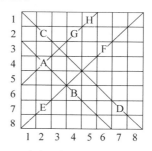

(a) n后问题的一个解   (a) 2个皇后在同一斜线上示意图

图 10.4　n 皇后问题

假定解向量为 8-元组 $x=(x_1,x_2,\cdots,x_8)$，其中 $x_i,i=1\sim8$ 表示第 i 个皇后的放置位置。如果令 $x_i,i=1\sim8$ 表示皇后 i 放在棋盘的第 i 行的第 x_i 列上，那么很容易满足任何 2 个皇后不放在同一行或同一列的条件。因为根据上述设定，不同的皇后必定不同行（第 i 个皇后在第 i 行）；同时很容易满足解向量 $x=(x_1,x_2,\cdots,x_8)$ 中 $\forall i\neq j,i,j=1\sim8,x_i\neq x_j$，即任何 2 个皇后不同列。下面来讨论 2 个皇后不在同一斜线上的处理。将 8×8 格的棋盘看成二维方阵，其行号从上到下，列号从左到右依次编号为 $1,2,\cdots,n$，如图 10.4(b) 所示。2 个皇后在同一斜线上包含两种情况：斜线与主对角线方向或副对角线方向平行。根据解析几何的基础知识可知，主对角线方向与 X 轴夹角 $135°$，斜率为 -1；副对角线方向与 X 轴夹角 $45°$，斜率为 1。所以如果 2 个皇后在同一斜线上，该斜线与主对角线方向平行则有皇后的行号和列号之差相等；该斜线与副对角线方向平行则有皇后的行号和列号之和相等。如图 10.4(b) 所示，皇后对 (A,B) 和 (C,D) 在主对角线方向上，(E,F) 和 (G,H) 在副对角线方向上。皇后 A 的坐标为 (2,4)，B 的坐标为 (4,6)，则 A 和 B 行号和列号之差相等；同理，皇后 C 的坐标为 (2,2)，D 的坐标为 (7,7)，C 和 D 行号和列号之差也相等。(E,F) 和 (G,H) 也可验证这个规律。

综上所述，令 2 个皇后放置的位置分别是 (i,x_i) 和 (j,x_j)，如果 $i-x_i=j-x_j$ 或 $i+x_i=j+x_j$ 就说明这 2 个皇后处于同一斜线上。将上述两个等式改写为：$i-j=x_i-x_j$ 和 $i-j=x_j-x_i$，并将它们统一写为 $|i-j|=|x_i-x_j|$。由此就得到 2 个皇后不在同一斜线上的判定方法：如果 2 个皇后的坐标满足 $|i-j|\neq|x_i-x_j|$ 就说明它们不在同一斜线上。至此 8 个皇后不在同一行、同一列及同一斜线上的判定方法全部得到。

根据上述过程可得 8-皇问题的求解方法：从第 1 个皇后开始放置，放在第 1 行第 1 列，然后开始放第 2 个皇后，放在第 2 行，并从第 2～第 8 列挑一个位置放好。之后根据非同一斜线条件 $|i-j|\neq|x_i-x_j|$ 保证 2 个皇后不在同一斜线上。以此类推，直到所有的皇后放好就得到一个可行解。回溯回去第 1 个皇后开始放在第 2 个位置，开始寻找另一个可行解。

8-皇问题的解向量为 8-元组 $x=(x_1,x_2,\cdots,x_8)$，如果没有约束条件，解空间由 8^8 个 8-元组组成。加上不在同一行、同一列及同一斜线上的约束条件后，显然第 1 个皇后有 8 种方法，第 2 个皇后变成 7 种，……，第 8 皇后只有 1 种，这时解空间的大小由 8^8 个元组减少到 8!个元组。下面给出 8-皇问题的回溯法核心算法代码，就是对不在同一行、同一列及同一斜线上约束条件的处理。

【8-皇问题的回溯法算法代码】

```
//8-皇问题的回溯法算法...
#define TRUE        1
#define FALSE       0
//现在开始放置第 k 个皇后...
int CanPlaceQueen(int k)
{
  //为了放置第 k 个皇后,必须检查前 k-1 个皇后的位置情况...
  for(int j=1;j<k;j++)
    //检查同列和同一斜线上的约束条件...
```

```
      if ((abs(k-j)==abs(x[j]-x[k]) || (x[j]==x[k]))
         return FALSE;//不能放置...
   return TRUE;
}
```

10.6　最小重量机器设计问题

最小重量机器设计问题描述为设某一机器由 n 个部件组成,每一种部件都可以从 m 个不同的供应商处购得。设 w_{ij} 是从供应商 j 处购得部件 i 的重量, c_{ij} 是相应的价格。试设计一个算法,给出总价格不超过 c 的最小重量机器设计。

该问题是一个典型的回溯求解问题,思路如下:通过使用回溯来选择合适的机器使得在总价格不超过 c 时得到的机器重量最小。首先初始化当前价格 cp＝0,当前重量 cw＝0。此外还要设置一个变量 sum 表示选择机器的总重量,初始化其为每个部件从 1 号供应商购买的重量。在循环选择 i 号机器时,判断从 j 号供应商购买机器后的价格是否大于总价格,如果不大于则选择,否则不选,继续选择下一供应商进行判断。在得到一个合适的供应商后,继续选择下一机器的供应商,从第一个选到最后一个供应商。当所有机器选择结束后,判断得到的总重量是否比之前的 sum 小,如果小就赋给 sum,然后从这一步开始,回溯到上一机器,选择下一合适供应商,继续搜索可行解,直到将整个解空间搜索完毕。这样,最终得到的 sum 即为最优解。还可以加上一个剪枝条件,即在每次选择某一机器时,再判断选择后的当前重量是否已经大于之前的 sum,如果大于就没必要继续搜索,因为得到的肯定不是最优解。下面给出该问题的回溯法算法代码。

【最小重量机器设计问题的回溯法算法代码】

```
//最小重量机器设计问题的回溯法算法...
#define N 1000
int n,m,d,cp=0,cw=0,sum=0;
int c[N][N],w[N][N];
void MinMachineWeight(int i)
{
  if(i>n)
  {
    if (cw<sum)//已经搜索到叶子结点,得到解...
      sum=cw;
      return;
  }
  for(int j=1;j<=m;j++)
  {
    cw+=w[i][j];//累加零件重量...
    cp+=c[i][j];//累加零件价格...

    if ((cw<sum) && (cp<=d))
      MinMachineWeight(i+1);
```

```
        cw-=w[i][j];
        cp-=c[i][j];
    }
}
```

10.7　工作分配问题

工作分配问题描述为设有 n 件工作分配给 n 个人。将工作 i 分配给第 j 个人所需的费用为 c_{ij}。试设计一个算法,为每一个人都分配一件不同的工作,并使总费用达到最小。

和最小重量机器设计问题类似,该问题也是一个典型的回溯求解问题,思路如下:由于每个人都必须分配到工作,可以建一个二维数组 $c[i][j]$,用以表示 i 号工人完成 j 号工作所需的费用。给定一个循环,从第 1 个工人开始循环分配工作,直到所有工人都分配到。为第 i 个工人分配工作时,再循环检查每个工作是否已被分配,没有则分配给 i 号工人,否则检查下一个工作。可以用一个一维数组 $x[j]$ 来表示第 j 号工作是否被分配,未分配则 $x[j]=0$,否则 $x[j]=1$。利用回溯法在工人循环结束后回到上一工人,取消此次分配的工作,而去分配下一工作直到可以分配为止。这样,一直回溯到第 1 个工人后,就能得到所有的可行解。下面给出该问题的回溯法算法代码。

【工作分配问题的回溯法算法代码】

```
//工作分配问题的回溯法算法...
#define N 100
int n,cost=0;
int x[N],c[N][N];
void SetWorkAssignment(int i,int count)
{
    if((i>n) && (count<cost))
    {
        cost=count;
        return;
    }
    if(count<cost)
    {
        for(int j=1;j<=n;j++)
        {
            if(x[j]==0)
            {
                x[j]=1;
                SetWorkAssignment(i+1,count+c[i][j]);
                x[j]=0;
            }
        }
    }
}
```

10.8　习题

1. 图的 m 可着色判定问题：给定无向连通图 G 和 m 种不同的颜色。用这些颜色为图 G 的各顶点着色，每个顶点着一种颜色。是否有一种着色法使 G 中每条边的 2 个顶点着不同颜色？

2. 有一辆货车载重量为 60 吨，有 3 箱货物，每箱货物的重量和价值如表 10.5 所示。问怎么装能够使装上货车货物的总价值最大。写出采用回溯法的求解过程（使用剪枝函数进行剪枝），并画出状态空间搜索树。

表 10.5　货车载重量

货物装箱编号	1	2	3
重量(吨)	32	30	30
价值(万元)	90	50	50

3. 形如 $1/a$ 的分数称为单位分数。可以把 1 分解为若干个互不相同的单位分数之和，如 $1=1/2+1/3+1/9+1/18$、$1=1/2+1/3+1/10+1/15$ 等。这样的分解有无穷多个。现要求分解为 n 项且分解后最大的分母不超过 30，给出所有不同分解法。

4. 羽毛球队有男女运动员各 n 人。给定 2 个 $n \times n$ 矩阵 P 和 Q。$P[i][j]$ 是男运动员 i 和女运动员 j 配对组成混合双打的男运动员竞赛优势；$Q[i][j]$ 是女运动员 i 和男运动员 j 配合的女运动员竞赛优势。由于技术配合和心理状态等各种因素影响，$P[i][j]$ 不一定等于 $Q[j][i]$。男运动员 i 和女运动员 j 配对组成混合双打的男女双方竞赛优势为 $P[i][j] \times Q[j][i]$。设计一个算法，计算男女运动员最佳配对法，使各组男女双方竞赛优势的总和达到最大。

5. 子集和问题。$S=\{x_1, x_2, \cdots, x_n\}$ 是一个正整数的集合，c 是一个正整数。是否存在 S 的一个子集 S_1，使得 S_1 中的各元素之和等于 c。

6. 设有 n 个任务由 m 个可并行工作的机器来完成，完成任务 i 需要时间为 t_i。设计一个算法找出完成这个任务的最佳调度，使完成全部任务的时间最早。

7. 用回溯法求解无重复元素的全排列问题。

8. 用回溯法求解 0-1 背包问题。

附录　各类软件竞赛

A.1　计算机认证考试

根据参加考试的人数、考试合格证书的效力以及社会对考试的认同程度,计算机认证考试中最有影响力的有以下四种:

(1) 中国计算机软件专业技术资格和水平考试(以下简称水平考试);

(2) 全国计算机应用技术等级考试(以下简称等级考试);

(3) 全国信息应用技术考试(以下简称 NIT);

(4) 计算机及信息高新技术考试(以下简称技术考试)。

A.2　全国计算机等级考试

全国计算机等级考试是经国家教育委员会批准,由教育部考试中心主办,用于考查应试人员计算机应用知识与能力的等级水平考试。

一级证书表明持有人具有计算机的基础知识和初步应用能力,掌握 Word、Excel 和 PowerPoint 等办公自动化软件的使用及因特网应用的基本技能,具备从事机关、企事业单位文秘和办公信息计算机化工作的能力。

二级证书进行高级程序设计语言(C、C++、Java、Visual Basic、Delphi)等考核,其表明持有人具有计算机基础知识和基本应用能力,能够使用计算机高级语言编写程序和调试程序,可以从事计算机程序的编制工作、初级计算机教学培训工作以及计算机企业的业务和营销工作。

三级"PC 技术"证书,表明持有人具有计算机应用的基础知识,掌握 Pentium 微处理器及 PC 计算机的工作原理,熟悉 PC 常用外部设备的功能与结构,了解 Windows 操作系统的基本原理,能使用汇编语言进行程序设计,具备从事机关、企事业单位 PC 使用、管理、维护和应用开发的能力;三级"信息管理技术"证书,表明持有人具有计算机应用的基础知识,掌握软件工程、数据库的基本原理和方法,熟悉计算机信息系统项目的开发方法和技术,具备从事管理信息系统项目和办公自动化系统项目开发和维护的基本能力;三级"数据库技术"证书,表明持有人具有计算机应用的基础知识,掌握数据结构、操作系统的基本原理和技术,熟悉数据库技术和数据库应用系统项目开发的方法,具备从事数据库应用系统项目开发和维护的基本能力;三级"网络技术"证书,表明持有人具有计算机网络通信的基础知识,熟悉局域网、广域网的原理以及安全维护方法,掌握因特网应用的基本技能,具备从事机关、企事业单位组网、管理以及开展信息网络化的能力。

四级证书表明持有人掌握计算机的基础理论知识和专业知识,熟悉软件工程、数据库和计算机网络的基本原理和技术,具备从事计算机信息系统和应用系统开发和维护的能力。

A.3　计算机技术与软件专业技术资格(水平)考试

　　计算机技术与软件专业技术资格(水平)考试简称"软考",是原中国计算机软件专业技术资格和水平考试的完善与发展。这是由国家人力资源和社会保障部(原人事部)、工业和信息化部(原信息产业部)领导的国家级考试,其目的是,科学、公正地对全国计算机与软件专业技术人员进行职业资格、专业技术资格认定和专业技术水平测试。

　　"软考"分为 5 个专业类别,并在各专业类别中分设了高、中、初级专业资格考试,囊括了共 27 个资格的考核。通过考试获得证书的人员,表明其已具备从事相应专业岗位工作的水平和能力,用人单位可根据工作需要从获得证书的人员中择优聘任相应专业技术职务(技术员、助理工程师、工程师、高级工程师)。计算机技术与软件专业技术资格(水平)实施全国统一考试后,不再进行计算机技术与软件相应专业和级别的专业技术职务任职资格评审工作。因此,这种考试既是职业资格考试,又是职称资格考试。同时,它还具有水平考试的性质,报考任何级别不需要学历、资历条件,只要达到相应的技术水平就可以报考相应的级别。

A.4　ACM 国际大学生程序设计竞赛

　　ACM 国际大学生程序设计竞赛(ACM International Collegiate Programming Contest,简称 ACM-ICPC 或 ICPC)是由国际计算机界具有悠久历史的权威性组织(美国)计算机协会(Association for Computing Machinery,ACM)主办的一项旨在展示大学生创新能力、团队精神和在压力下编写程序、分析和解决问题能力的年度竞赛。

　　ACM 国际大学生程序设计竞赛始于 1970 年,成形于 1977 年,并于 1996 年由上海大学引入中国大陆,目前已发展成为最具影响力的大学生计算机竞赛,被称为信息届的奥林匹克赛,至今已举行 39 届。

　　ACM 国际大学生程序设计竞赛由各大洲区域赛(Regional Contests)和全球总决赛(World Finals)两个阶段组成。竞赛在全封闭的环境下进行,每队由 3 人组成并共用 1 台计算机在 5 小时内编程解决 8~10 个题目,题目难度大、对算法的效率要求高。

　　网址 http://acmicpc.cn/。

A.5　蓝桥杯

　　为推动软件开发技术的发展,促进软件专业技术人才培养,向软件行业输送具有创新能力和实践能力的高端人才,提升高校毕业生的就业竞争力,全面推动行业发展及人才培养进程,工业和信息化部人才交流中心特举办"全国软件专业人才设计与创业大赛"。

　　蓝桥杯赛包括个人赛和团队赛两个比赛项目,个人赛设置:

　　(1) C/C++ 程序设计(本科 A 组、本科 B 组、高职高专组)。

　　(2) Java 软件开发(本科 A 组、本科 B 组、高职高专组)。

（3）嵌入式设计与开发（大学组、研究生组）。

（4）单片机设计与开发（大学组）。

（5）电子设计与开发（大学组）。

团队赛设置：软件创业赛一个科目组别。并且形成了立足行业，结合实际，实战演练，促进就业的特色。

网址 http：//www.lanqiao.org/。

A.6 全国 Java 程序设计大赛

"全国 Java 程序设计大赛"是面向全国各大高等院校在校学生和社会技术人士的程序设计竞赛活动。通过竞赛活动为 IT 相关专业的大学生和技术人士搭建一个展现程序设计能力的平台，提高 Java 技术人士的实践技能，形成良好的学习和研究氛围，为优秀人才的脱颖而出创造条件。竞赛响应国家加快推进软件产业创新的号召，培养造就高素质 IT 人才，为社会经济发展做贡献。

竞赛考查参赛选手在 Java 技术和程序设计方面的综合技能，竞赛内容大纲如下：

（1）程序的构建，包括编译、运行、打包和文档生成等。

（2）语言基础，包括语法、变量、数组、流程控制、方法、包、类、枚举、接口等。

（3）面向对象特性，包括继承、封装、多态、抽象、访问控制。

（4）相关运行机制，包括异常、断言、垃圾收集等。

（5）常用工具库，包括线程及并发控制、文件及 IO 处理、泛型和集合类等。

（6）常用的类和接口，包括 Object、字符串、序列化、比较、克隆等。

网址 http：//www.jingkao.net/activity/miniactivitys/homepage/AC112A018024F69B1 48881A35D5F794E.html。

参 考 文 献

[1] (美)Thomas H. Cormen,(美)Charles E. Leiserson,(美)Ronald L. Rivest,(美)Clifford Stein. 算法导论(第 3 版). 殷建平,徐云等译. 北京：机械工业出版社,2012.

[2] 王晓东. 计算机算法设计与分析(第 4 版). 北京：电子工业出版社,2012.

[3] 屈婉玲. 算法分析与设计. 北京：清华大学出版社,2011.

[4] 王红梅,胡明. 算法设计与分析(第 2 版). 北京：清华大学出版社,2013.

[5] 朱大铭,马绍汉. 算法设计与分析. 北京：高等教育出版社,2009.

[6] 李文新,郭炜,余华山. 程序设计导引及在线实践. 北京：清华大学出版社,2007.

[7] 王红,余青松. Python 程序设计教程. 北京：清华大学出版社. 2014.

[8] 周元哲. Visual Basic.NET 程序设计. 西安：西安电子科技大学出版社,2014.

[9] 周元哲. Visual Basic 程序设计语言. 北京：清华大学出版社,2011.

[10] 裘宗燕. 从问题到程序-程序设计与 C 语言引论. 北京：机械工业出版社,2011.

[11] 谭浩强. C 程序设计(第二版)北京：清华大学出版社,1999.

[12] 王曙燕. C 语言程序设计(第二版)北京：科学出版社,2008.

[13] 郭继展,郭勇,苏辉. 程序算法于技巧精选. 北京：机械工业出版社,2008.

[14] 张德慧,周元哲. C++ 面向对象程序设计. 北京：科学出版社,2005.

[15] 周元哲. Python 程序设计基础. 北京：清华大学出版社,2015.

[16] 沙行勉. 计算机科学导论——以 Python 为舟. 北京：清华大学出版社,2014.

[17] 王玉龙. 计算机导论. 北京：电子工业出版社,2006.

[18] 严蔚敏,吴伟民. 数据结构. 北京：清华大学出版社,1999.

[19] 耿国华. 数据结构——C 语言描述. 北京：高等教育出版社,2005.

[20] 周元哲. 软件工程实用教程. 北京：机械工业出版社,2015.

[21] 吴永辉,王建德. ACM-ICPC 世界总决赛试题解析(2004—2011 年). 北京：机械工业出版社,2012.

[22] July. 编程之法：面试和算法心得. 北京：人民邮电出版社,2015.

[23] 全国计算机等级考试教材编写组,未来教育教学与研究中心编著. 全国计算机等级考试命题大透视——二级 Visual Basic. 北京：人民邮电出版社,2007.

[24] 谢尧. 二级 Visual Basic 语言程序设计教程/全国计算机等级考试教材系列. 北京：中国水利水电出版社,2006.

[25] 漫谈递归：递归的思想 http://www.nowamagic.net/librarys/veda/detail/2314

[26] 全国计算机等级考试 http://sk.neea.edu.cn/jsjdj/index.jsp

[27] 中国计算机技术职业资格网 http://www.ruankao.org.cn/jsj/cms/ksjs/ksjs/index.html

[28] 牛客网 http://www.nowcoder.com/